孩子一读就懂的化学

趣味元素

[苏] 依·尼查叶夫　著

王金影　译

北京理工大学出版社
BEIJING INSTITUTE OF TECHNOLOGY PRESS

图书在版编目（CIP）数据

孩子一读就懂的化学. 趣味元素 / (苏) 依・尼查叶夫著 ; 王金影译. --北京 : 北京理工大学出版社, 2021.10

ISBN 978-7-5682-9809-4

Ⅰ. ①孩… Ⅱ. ①依… ②王… Ⅲ. ①化学—普及读物 Ⅳ. ①O6-49

中国版本图书馆CIP数据核字（2021）第083271号

出版发行 / 北京理工大学出版社有限责任公司

社　　址 / 北京市海淀区中关村南大街 5 号

邮　　编 / 100081

电　　话 / （010）68914775（总编室）

（010）82562903（教材售后服务热线）

（010）68944723（其他图书服务热线）

网　　址 / http: //www.bitpress.com.cn

经　　销 / 全国各地新华书店

印　　刷 / 三河市金泰源印务有限公司

开　　本 / 880 毫米 × 710 毫米　1/16

印　　张 / 11.5

字　　数 / 157千字

版　　次 / 2021 年 10 月第 1 版　2021 年 10 月第 1 次印刷

定　　价 / 148.00元（全 3 册）

责任编辑 / 王玲玲

文案编辑 / 王玲玲

责任校对 / 周瑞红

责任印制 / 施胜娟

前言　万物由什么组成

我们脚下的土地、头顶上的太阳、所住的房屋、所开的汽车、手旁的植物及我们自己的身体，都是由什么组成的？环顾四周，你轻易就能找到几十件甚至几百件不同的东西。看看摆在你面前的这本书，它是由纸、油墨和黏结剂等东西制成的。而放书的桌子是木头做的，上面涂了油漆，并用木工胶粘在一起。在房间的角落里，可以看到暖气片的铸铁，墙上可以看到白灰，白灰下面覆盖着泥灰和砖头。再看看自己的房间，窗户上和照明灯上有不同的玻璃，电线上有铜和橡胶，灯座上有陶瓷，再看看手中的钢笔，可以找到墨水、钢、各色颜料等。当你出门走到街上的时候，又有新的物质呈现在你面前。到了工厂车间里，碰到的又是不同的物质。在森林中、在山顶上、在海底里，你会发现越来越多新东西。不同种类的物质，有活的，也有死的，即使没有几千万种，也有几百万种。单说宝石，地球上就有成百上千种。铁矿石和树木的品种，也是数以千计。就连颜料，包括天然的和人造的，都有数万种。

物质的数量不计其数，性质又该是多么不同啊！一个可能难以置信的坚硬，另一个则可能禁不住孩子轻轻一捏；一种物质的味道甜美细腻，另一种则似火烧舌头；有些物质透明，有些闪亮，有些哑光；有些霉黑，而有些则雪白；有些东西在−250℃的寒冷中仍然不结冰，可以保持液态，但也有一些东西在耀眼的电弧火焰中不熔化，仍然保持固态；有些物质能够不受热、冷、潮湿或强酸的影响，而另一些物质，你只要用手掌轻轻一碰，手的温度就会让它起火、爆炸或迸发火花并彻底消散。

在自然界中，万物都处于永恒的运动之中。地球每一寸土地上的物质，都在不断地发生千万种变化。一些物质消失，另一些物质出现。从表面上看，这种无数物质的无尽变化似乎是无序的。看起来，似乎一片混乱，但其实并不是。人们早就猜到，在自然界巨大多样性的背后，隐藏着的是统一和单纯。事实证明，所有物体都包含相同的基本组成部分，这些组成部分被称为“元素”。

元素的数量并不多，但它们能够形成不计其数的组合和搭配。这就解释了为什么地球上的物质如此丰富。就像声音世界一样。字母表一共才二十几个字母，却组成了我们说话的所有单词。相同的乐音，不一样的排列组合，会产生成千上万种曲调——有赞美诗，也有葬礼进行曲，有简单的儿歌，也有复杂的交响乐。

元素的发现，并不是一下子就完成的。其中许多元素是人类自古以来就知道的，但几百年过去，人们才意识到，它们实际上是元素，而不是复杂物质。相反，一些复杂物质长期以来一直被误认为是元素，因为化学家们不知道它们可以分解。还有些元素，在人类的发展道路上很少遇到，或者逃过了人类的眼睛，以至于找到它们需要付出巨大的努力。科学家们对元素的寻找已经进行了几百年。在这一过程中，他们花费了大量的精力，涌现出了无数聪明智慧的人物。这本书讲述的就是元素发现过程中的一些小故事。

CONTENTS

目录

01

火之气！

化学和电的联盟

CONTENTS

目录

天蓝色和红色的物质

门捷列夫定律

CONTENTS
目录

05 惰性气体

06 看不见的光线

01 火之气！

导读

王凤文

很久以前，人们固守一种观念："自然界的所有东西都可以追溯到土壤、空气、火和水，都是由这四种元素构成的。""这四种物质不可分解！"

然而就有这样一群人士，凭借对真实自然及世界的执着追求，在未知世界的黑暗中冲云破雾，把毕生的精力投入到追求科学真相的过程中！

舍勒，从十四岁起做药店学徒，痴迷于"万物是由什么组成的"这个问题的答案，开始了大量的实验研究。他没有上过中学和大学，一切全靠自学，就连所用的仪器都是自己因陋就简制作的。他认为"没有火进行加热，就没有什么化学实验能够完成"，因而开始了对"火"的性质的研究。

为什么物体燃烧需要空气？空气是如何参与燃烧的？在前人的观念里，"空气是一种元素——一种简单物质，没有任何力量可以把它分解成更简单的成分"。很久以前流传下来关于燃烧现象的"燃素说"，占据了科学界的主导地位。当时所有的化学家都固执地相信它的存在，甚至四处寻找神秘燃素的踪迹。舍勒也曾经是这一理论的支持者。

舍勒没日没夜地泡在实验室里，开始捣鼓各种化学物质，捣碎、煮沸、蒸馏……认真研究着一些古老的化学书。手总是被酸碱烧得发黑，呼吸着实验室的刺鼻气味。无数次的磷燃烧实验、木炭的燃烧与熄灭、硝石的熔化、硫与碳的混合、硝石与浓硫酸的混合蒸馏，一次次惊险的燃烧和爆炸，让人费解的"五分之一""死空气"与"活空气"的分分合合，让舍勒确信，我们周围的普通空气并不是一种元素，而是两种气体的混合物，他称其为"火之气"和"无用气"（实际是氧气和氮气）。

舍勒想解开火的奥秘，却意外发现了空气的组成。这是舍勒最重要的一个发现。"活空气"让余烬的木炭复燃的那一刻，"火之气"似乎即将揭开"火"的奥秘。如果当时舍勒能深入研究一下“火之气”，或许他就找到谜题答案。遗憾的是，对“燃素说”的过度信仰导致他的解释偏离了真理，从而产生了“荒诞想法”。头脑中固有的“燃素说”羁绊了这位很有天赋的科学家。

“火之气”几乎是由三位科学家同时发现的，而舍勒的发现比所有人都早。约瑟夫·普里斯特利和拉瓦锡相继发现了“火之气”，但只有拉瓦锡正确地判断了它在自然界中的真正作用！

拉瓦锡成功的秘密之一在于，比别人更善于借助“天平”的帮助，将实验定量化。在开始某个实验之前，拉瓦锡总是仔细地称量所有将会产生化学变化的物质，然后在实验结束后又重新称量。按照“燃素说”，“在磷燃烧过程中，磷被分解了，失去了燃素。磷的燃烧产物的质量应该比磷的小。”但事实是“燃烧后在烧瓶壁上沉淀下来的白霜比燃烧之前的磷还重”。拉瓦锡用数据证实：物质燃烧时与“活空气”结合，并形成一种新的物质。面对众多顽固派的嘲笑，拉瓦锡坚持不懈地对燃素理论提出了越来越多、越来越有说服力的反驳。“事实胜于雄辩”，最终燃素党一个个地放下武器，心悦诚服接受燃烧真相。“燃素说”彻底退出了化学舞台！

现代科学证明，空气的主要成分是氧气和氮气，还有少量的二氧化碳、水蒸气和稀有气体等；物质的燃烧过程实际是可燃物与氧气反应的过程，生成相应的氧化物；磷燃烧时，参与反应的磷和氧气的质量之和等于生成的五氧化二磷的质量；“火”不过是燃烧时发光发热的现象而已。

“火之气”的发现和“燃素说”被推翻，推动了化学界对物质组成元素的研究，空气不是一种元素，公认的四大元素之一的“水”也不是元素。在当时，被界定的元素大约三十多种，拉瓦锡预言，这三十多种元素中可能还有伪元素，“去伪存真”的工作将不断继续并深入！

舍勒、普里斯特利和拉瓦锡，还有众多和他们一样的勇士们，为元素的发现做出了巨大贡献！让我们走近科学家的生活，去感受他们对理想信念的执着追求，去体会《趣味元素》带给我们的乐趣吧！

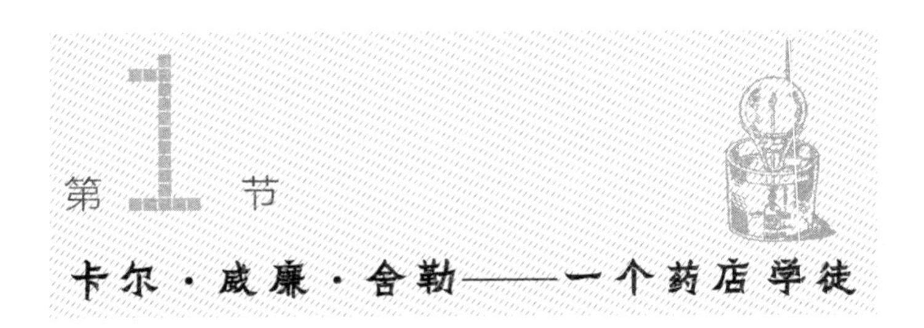

第1节 卡尔·威廉·舍勒——一个药店学徒

卡尔·威廉·舍勒（1742—1786），瑞典化学家，氧气的发现人之一。

18世纪下半叶，瑞典有一位异常勤奋的年轻药剂师**卡尔·威廉·舍勒**（Carl Wilhelm Scheele）。他先是当学徒，后来成为实验员。他工作起来非常的勤奋，给老板留下了深刻的印象。

舍勒在药房的主要工作是制作药丸、药水和膏药。但他所做的比老板要求的要多得多。每次他准备完药膏和药剂后，就找个空闲的角落或窗台坐下来，开始捣鼓各种化学物质，捣碎、煮沸、蒸馏……他没日没夜地泡在实验室里，认真研究着一些古老的化学书。有些书甚至连经验丰富的药剂师都觉得很难懂。如果不是他的实验总是导致爆炸的话，他的老板就会非常喜欢自己这位实验员了。舍勒的手总是被酸碱烧得发黑，但是他依然愉快地呼吸着实验室的刺鼻气味，即使是腐蚀性的硫黄烟或令人窒息的硝酸蒸气，也没有让他反感。

一天，舍勒做了一种化合物，闻起来像苦杏仁一样。他吸入了这种物质的蒸气，想确定一下它真正的气味。然后，他试着辨别它的味道，但是觉得嘴里有一种特别的热感。放到现在，任何一个爱惜生命的人都不会冒险去做这样的事，因为这种闻起来像苦杏仁的化合物，我们现在称之为氢氰酸[1]，被认为是最强的毒药。幸运的是，舍

1 氢氰酸，又名甲腈、氰化氢，为无色伴有轻微苦杏仁气味的液体，有剧毒。

勒只用了极小一滴。他并不知道，自己所发现的这种酸的毒性有多么强烈。但如果他猜到了，可能也会忍不住要尝尝味道。对他来说，最高兴的莫过于发现一种世界上没有人见过的新物质，或者发现一种已知物质的新特性。他千方百计地体验大自然，每次都激动地等待结果。

“当科研工作者找到他一直在寻找的东西时，那是多么幸福啊！”他曾经在给一个朋友的信中这样写道。舍勒曾经获得过很多次这样的幸福，这都是他应得的，是他一个人辛苦取得的。他没有上过中学和大学，也没有人帮助他，一切全靠自学，就连所用的仪器都是自己用药店的罐子、玻璃蒸馏瓶和牛膀胱做的。

14岁时，他被送到药剂师包赫（Baux）的店里当学徒。19年后，当舍勒当选为瑞典科学院院士时，他仍然只是药店的一名普通实验员，就像少年时一样，他把自己那微薄的工资几乎都花在了购买书籍和化学试剂上。舍勒天生是一名化学家。作为一名真正的化学家，他不断追寻“万物是由什么组成的”这个问题的答案。他想知道，我们周围的物质是由哪些最简单的成分或元素构成的。多年的经验让他确信，如果不了解火的真正性质，就无法确定这一点，因为不用火进行加热的话，能够完成的化学实验是极少的。

罗伯特·波义耳（1627—1691），英国化学家，著有《怀疑派化学家》（*The Skeptical Chemist*）。

当舍勒开始研究火的本质后，很快他就不得不思考一个问题，那就是空气是如何参与燃烧的。从前辈化学家的书中，他可能读到过一些关于这一点的记录。早在舍勒出生之前的100年，英国人**罗伯特·波义耳**（Robert Boyle）和其他科学家就证明了，蜡烛、煤和所有其他可燃物只有在空气充足的地方才能燃烧。例如，如果用玻璃罩罩住一支燃烧的蜡烛，那它燃烧一会儿就会逐渐熄灭。如果完全抽掉空气，那么蜡烛就会瞬间熄灭。相反，当往火中注入大量空气时，就像铁匠使用风箱一样，火焰就会燃烧得更亮、更强。

然而，当时没有人能给出合理的解释，为什么会发生这种情况，特别是为什么物体燃烧需要空气。为了搞清楚这一点，舍勒开始用各种化学物质在完全封闭的容器中进行实验。舍勒心想："在封闭的容器中，空气量是有限的，而从外面，空气也无法进入。而且，如果空气在燃烧和其他化学反应过程中发生什么事，那么在封闭的容器中更容易被发现。"当时人们认为空气是一种元素——一种简单物质，没有任何力量可以把它分解成更简单的成分。舍勒一开始也是这么想的，但很快他就不得不改变这种想法。

第2节 为什么火会熄灭？

一天晚上，舍勒坐在乌普萨拉城[1]这家药店的实验室里，准备进行一次常规实验。房子里一片寂静。药店的门自最后一位顾客离开后已经关上，老板也早就回到自己房间里睡觉去了。只有舍勒一个人还在不眠不休地摆弄着自己的烧瓶和蒸馏罐。他从柜子里拿出一个装满水的大罐子，罐子底部有一块黄色的东西，看起来像蜡一样。在昏暗中，水和这种蜡样物质发出神秘的绿光，那是磷。化学家们总是把它储存在水中，因为它在空气中会迅速变化，失去所有正常的特性。

1 乌普萨拉城，瑞典中部城市，位于首都斯德哥尔摩北面，现为瑞典第四大城市。

舍勒把刀插进罐子里，试了试，但是没有从水里取出磷，而是切下了一小块。然后，他把切下来的那一小块拿了出来，扔进了一个空烧瓶中，用软木塞塞住瓶口，然后把它放到燃烧的蜡烛上边。

火苗刚碰到烧瓶的边缘，磷立刻就熔化了，并在底部形成了一片液体。又过了一秒钟，它突然燃起了明亮的火焰，烧瓶里立刻就充满了浓浓的烟雾，并且这些烟雾很快就在瓶壁上结成了白霜。一切都发生在一瞬间，磷立刻被烧完了，变成了磷酸[1]。

这是一次非常有成效的实验，但舍勒似乎对它完全无动于衷。这不是他第一次把磷点燃并看着它变成酸。现在他最感兴趣的并不是磷本身，而是另一件事：他想知道，在磷燃烧过程中，烧瓶里的空气怎么样了。等到烧瓶一凉，舍勒就把它放进一个水盆里，瓶嘴向下，拔出瓶塞。然后，发生了一件奇怪的事：盆里的水从下往上涌入烧瓶，占了烧瓶体积的1/5。

“又来了！”舍勒喃喃地说道，“又是这样。1/5的空气消失了，涌入的水占了它的位置……”真是奇怪！无论舍勒在封闭的容器中燃烧什么物质，他总是发现同样有趣的现象：罐子里的空气一定会在燃烧时减少1/5。现在又得到了同样的结果：磷被烧掉了，磷酸全都留在烧瓶里，但是空气消失了。它是怎么从一个瓶嘴塞着软木塞的密闭烧瓶里跑出来的呢？

当烧瓶冷却的时候，舍勒又准备了一个新的实验。他决定，这一次在封闭的容器中燃烧另一种物质，即金属溶于酸时产生的气体。

几分钟时间，舍勒就准备好了这种易燃气体：他把铁屑倒进一个小瓶子里，用硫

1 磷酸，我们现在把这种物质称为磷酐，它的水溶液称为磷酸，但在舍勒的时代，这两种物质都被称为磷酸。

酸溶液浇在上面，然后用插着长长玻璃管的塞子塞住小瓶子，铁屑发出嘶嘶声，酸液也开始沸腾，里面泛起银色的气泡。舍勒把蜡烛举到玻璃管的上端。管子里冒出的气体立刻燃烧，形成一缕稀薄且苍白的火舌。

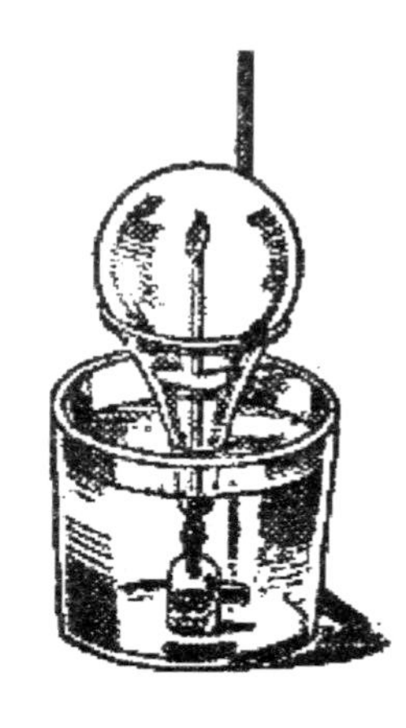

舍勒把小瓶子塞进盛着水的深玻璃缸里，然后在火焰上方倒着放置了一个空烧瓶。烧瓶嘴插入水中，这样外面的空气就无法进入其中。在这密闭的空间里，苍白的气体火焰燃烧着。烧瓶一扣到火焰上，水就从下面往上冲。上面气体燃烧，下面水在上涌。水越升越高，它越往上升，气体就烧得越弱。最终火焰完全熄灭了。

舍勒注意到，这时水又占了烧瓶体积的1/5左右。“好吧。”他想，“那让我们假设一下，由于某种我不知道的原因，空气在燃烧时会消失。那么，为什么它只消失了一部分，而没有全部消失呢？要知道，现在的气体还能燃烧很长一段时间呢。铁屑还在沸腾，瓶里的酸还在冒泡。如果我现在把烧瓶取下来，在外边燃烧气体，它就会再次燃烧。为什么气体会在烧瓶里渐渐熄灭呢？那里不是还有4/5的空气吗？”

他的脑海中突然闪过一丝模糊的怀疑，这种怀疑在过去几天里已经不止一次地浮现在他的脑海中：“这是不是意味着，留在烧瓶里的空气与燃烧时消失的空气完全不同呢？”舍勒准备立即开始新的实验，来验证他的猜想是否正确。但他看了看表，遗憾地放弃了，原来已经过了午夜，明天早上，他还要坐在这里配药呢。

舍勒熄灭了蜡烛，依依不舍地离开了实验室。但是，关于存在两种不同空气的想法再也没有离开他的脑海。他带着这个想法睡着了。

第3节 “死”空气和“活”空气

第二天，他一做完药房的工作，就开始兴奋地验证自己的新想法。他翻出自从开始研究火和燃烧现象以来所做的实验记录，又仔仔细细地看了一遍。其中一些实验，他自己又重做了几次。然后，他开始研究那些燃烧过某些物质之后留在烧瓶里的空气。

这空气似乎已经死了，毫无用处了。里边没有什么东西能够燃烧。蜡烛会熄灭，就像是被一个看不见的人吹灭了一样，烧红的木炭会冷却，燃烧的木柴会立刻熄灭，就像浇上了水一样。即使是易燃的磷，也无法燃烧起来。而舍勒尝试着把老鼠放进一个装满这种“死”空气的罐子里，老鼠在里面窒息而死。从表面上看，它像普通的空气一样透明无色，也没有气味和味道。

现在，舍勒一切都明白了：我们周围的普通空气，并不像人们自古以来所认为的那样是一种元素。空气并不是一种简单物质，而是两种完全不同成分的混合物。其中一个支持燃烧，但在燃烧过程中消失无踪；另一个是主要部分，则不受火的影响，在燃烧可燃物时仍保持完好无损，如果空气中只有它这一种成分，那么我们的世界就永远不会有哪怕一个火花了！当然，舍勒更感兴趣的并不是“无生命”的那部分空气，而是在燃烧过程中消失的“活的”部分。他想：“有没有什么办法，能把那些‘毫无用处的’空气分离出去，只得到单纯的那部分‘活’空气呢？”结果证明，这是完全可以的。

舍勒想起来，他不止一次看到烟尘从熔化硝石的坩埚上冒出并出人意料地燃烧起来，而硝石正是用来制造黑火药的。那么问题来了，为什么硝石上的尘埃那么容易燃烧呢？是不是因为，从硝石里面飘散出来的气体，就是那部分能够助燃的空气呢？有一段时间，舍勒放弃了其他所有的实验，转而研究硝石。他把它熔化，分别尝试添加工业浓硫酸和不加工业浓硫酸进行火上蒸馏，还尝试分别和硫、炭一起捣碎。药店老板对他这场忙碌提心吊胆，心里想着："他不会哪一天和整个药房一块飞起来吧？要知道硝石离火药可不远了！"但是结果完全是另外一个样子。

有一天，当药店老板向一个挑剔的顾客吹嘘芥末膏的效果时，舍勒从实验室冲到药房，摇晃着一个空罐子，喊道："火之气！火之气！""上帝保佑，发生什么事了？"药店老板也喊起来。他知道舍勒平时是一个安静的人，现在他这么兴奋，一定发生了很大的事情。"火之气！"舍勒一边重复着，一边敲着那个空罐子，"来吧！我给你们看一个真正的奇迹。"

他把惊讶的老板和顾客一起拖到了实验室。在那里，舍勒用铲子从火盆里取出一些快要熄灭的木炭，然后打开罐子，把它们扔进里边。木炭立刻发出强烈的白色火焰。"火之气。"舍勒得意地解释道。药店老板和顾客都沉默不语，茫然地看向对方。而舍勒则拿出一根火柴，先是把它点燃了，然后立即吹灭，并把它塞进另一罐"火之气"中。本来几乎完全熄灭的火焰，现在却极其明亮地重新燃烧起来。

"这是什么巫术？"满脸惊讶的顾客几乎不敢相信自己的眼睛，喃喃地说道。"罐子里可是什么都没有！""有气体。火的空气，"舍勒试着解释道，"我是蒸馏硝石得来的。在我们周围的普通空气中，只含有1/5的这种气体。"顾客眨了眨眼睛，什么也没有听懂。药店老板坚定地说："原谅我，舍勒，但是你好像完全在胡说八道。谁会相信，空气中除了空气本身还有别的东西呢？难道我们不知道空气到处都是一样的吗？但你那个火柴的实验确实很有趣。能不能再做一次？"

舍勒毫不费力地让那根快要熄灭的火柴再次闪亮起来，但他还是没能说服自己的老板。人们习惯于认为空气是一种简单的永恒不变的基本元素，一下子说服他们相信这种观点当然很困难。

实话说，甚至舍勒自己都觉得奇怪，空气竟然是由“无用气”和“火之气”两种彼此毫不相像的气体组成的。然而，这已经没什么可怀疑的了。当舍勒自己亲手制造出由一份“硝石气”和四份“无用气”构成的普通空气时，怎么还会有人怀疑呢？在这种混合气中，蜡烛燃烧得不明不暗，老鼠呼吸得安静平稳，就像在我们周围的真实空气中一样。

舍勒很快就学会了用一种非常简单的方法来制造纯净的“火之气”，即加热硝石。他把干硝石倒进玻璃曲颈甑，然后把它放在火盆上，当硝石开始熔化时，他把一个挤压干瘪的空牛膀胱绑在甑颈上。慢慢地，牛膀胱开始膨胀，充满了从甑里冒出来的“火之气”。舍勒又把它从牛膀胱倒进罐子、玻璃杯和烧瓶中及其他任何需要的地方。

舍勒又找到了几种其他方法来制造清洁的“火之气”。例如，从水银的红色氧化物中提取。但“硝石法”是最便宜的，所以舍勒在他的实验中大部分还是使用硝石法。

他完全被这个新发现迷住了。那个时候，没有什么比看着各种物质在纯“火之气”中燃烧更让舍勒高兴的了。物质在里面燃烧得很快，发出耀眼的光芒，那光比在普通空气中要明亮得多。而“火之气”本身，在燃烧过程中，全部从容器中消失，一点不剩。

当舍勒在一个充满“火之气”的封闭烧瓶中燃烧磷时，这一点尤其明显。火焰非常明亮，简直看着都刺眼。然后，当烧瓶冷却之后，他拿起来，打算把它放进水里，这时烧瓶发出了震耳欲聋的爆裂声，在他的手里炸得粉碎。幸运的是，舍勒安然无恙，而且仍然保持沉着冷静，他立即猜出了爆炸的真正原因：在燃烧过程中，所有的“火之气”都从烧瓶中消失了，形成了完全的真空。所以，当它受到外部空气的压迫时，就像被钳子夹碎的空坚果壳一样。

第二次舍勒更加谨慎了。他拿了一个又厚又结实的烧瓶来做磷的实验，希望它能承受住空气的压力。当磷被烧尽，烧瓶冷却后，舍勒把瓶嘴浸入水里，看一看里面还剩下多少“火之气”。但他完全没办法把软木塞拔出来。很明显，烧瓶里完全是空的，于是空气以一种可怕的力量把瓶塞压进了烧瓶口里，好像有人在用铁钳抓着它似的。于是舍勒决定把它推进瓶里去，这却立刻就成功了。就在那一刻，盆里的水从下面直冲到烧瓶里，一直灌到底部。直到此刻，舍勒终于确信，燃烧时“火之气”会完全消失。

舍勒尝试着直接呼吸牛膀胱里的纯“火之气”。但他并没有发现任何特别的东西，呼吸起来似乎就跟往常一样。当然，实际上“火之气”比普通空气呼吸起来更轻松。所以，在当今时代，它被提供给重病之人和生命垂危之人使用。只不过它不再被称为“火之气”，而是被称作氧气。

舍勒手稿

第4节 难以捉摸的燃素[1]

舍勒想解开火的奥秘，却意外发现了空气并不是一种元素，而是两种气体的混合物，他称其为“火之气”和“无用气”。这是舍勒最重要的一个发现。

但他实现自己的主要目标了吗？他发现火的本质了吗？他弄明白什么是燃烧以及燃烧时会发生什么吗？他觉得自己明白了一切。事实上，火对他来说仍然是个谜。一切都是燃素论的错。原来，当时化学家中流传着这样一种学说，即任何物质只有在含有大量特殊的可燃物质——燃素的情况下才能燃烧。

没人能说明白燃素是什么。有些人认为是一种气体，而另一些人则认为，燃素既不能被单独看到，也不能被单独捕获，因为它不能单独存在，而总是与其他物质结合在一起。一些科学家曾经声称，他们成功地分离出了一种纯形态的燃素。后来，他们自己都产生了怀疑，并称：“也许我们所认为的纯燃素根本不是燃素。”他们不知道燃素是否像其他物质一样有质量，或者没有质量。燃素似乎像幽灵一样难以捉摸，而且没有形体。但当时所有的化学家都固执地相信它的存在。

那么，这种奇怪的信念是从哪里来的呢？任何一个人观察火焰，都会看到，燃烧的物体被毁坏并消失。就像有什么东西从点燃的物体中释放出来，然后随着火焰离

1 燃素是很久很久以前的化学家们对燃烧的解释，他们认为火是由无数细小而活泼的微粒构成的物质实体。

开，而原地留下灰烬、渣滓、氧化物或酸[1]。燃烧似乎摧毁了物质，从它里面驱逐了某些虚幻的难以捉摸的东西——“火的幽灵”。所以人们认为，燃烧是将一种复杂的可燃物分解成一种特殊的火元素——燃素以及其他成分。

当时，化学家们四处寻找神秘燃素的踪迹。当烧煤的时候，化学家会说：“煤里的所有燃素都跑到空气中了，只剩下灰烬了。”当磷在明亮的火焰中被燃烧成磷酸时，他们对此的解释是一样的：磷分解成了它的组成成分——燃素和磷酸。甚至金属被煅烧或受潮生锈的时候，化学家也看到了燃素所做的手脚：“燃素不见了，所以闪亮的金属也消失了，留下了锈或金属屑。”

利用燃素理论，17世纪的科学家们顺利地解释了许多似乎无法理解的自然现象和工业技术。在很长一段时间里，这个理论一直在帮助化学家们进行研究，他们毫不怀疑它的正确性。卡尔·舍勒曾经也是这一理论的支持者，在自己的许多实验中，他都是想先弄清楚燃素会发生什么变化。

当舍勒发现“火之气”时，他立刻这样断定：“这种空气似乎对燃素有很大的吸引力。它会从任何可燃物中提取燃素。这就是为什么它们都会在这种空气中那么迅速、那么轻松地燃烧。”舍勒说：“‘无用气’不喜欢和燃素混在一起。所以，在它里面，火都熄灭了。”这么解释似乎相当有道理，但还剩下一个很大的谜团。还记得，燃烧后，“火之气”从密闭的容器中消失，让舍勒有多惊讶吗？从密闭的容器中消失的“火之气”，不管有没有和燃素一起，“火之气”总归是消失无踪了。它去哪里了？怎么从四面封闭的容器里出来的呢？

舍勒为这个谜题绞尽脑汁思考了很长时间，终于想出了这样一个解释。他说，当某个物体燃烧时，它释放的燃素与“火之气”化合在一起，这种看不见的化合物非常

---

1 现在称这些燃烧后的残留物为酸酐。

容易挥发，它透过玻璃悄悄地渗出，就像水流过筛子一样。就像童话故事里的幽灵一样，自由地穿过石头墙壁和紧闭的大门……看吧，这就是舍勒对燃素的过度信仰所产生的荒诞想法。

当时，如果舍勒仔细地在烧瓶里面找找“火之气”，他就一定会找到的。但是他必须先放弃燃素理论，而舍勒尽管很有天赋，却无法做到这一点。

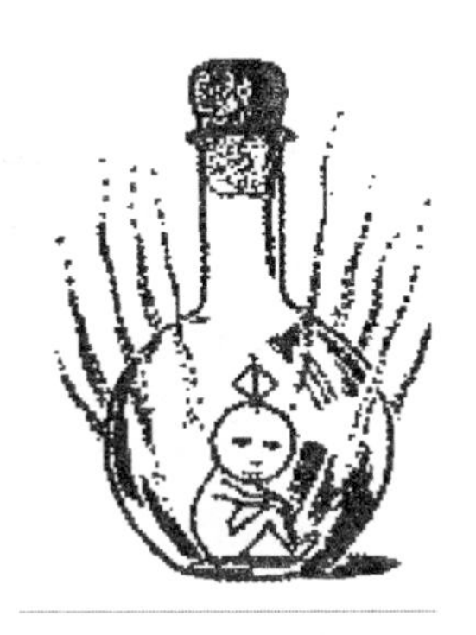

安托万·拉瓦锡（1743—1794），法国贵族，著名化学家、生物学家，被后世尊称为“现代化学之父”。

推翻燃素理论的是18世纪另一位伟大的化学家**安托万·拉瓦锡**。当燃素理论被推翻之后，“火之气”的莫名消失和许多其他令人费解的现象立即失去了其神秘性。

第5节 安托万·拉瓦锡和他的盟友[1]

“火之气”几乎是由三位科学家同时发现的，而舍勒的发现比所有人都早。一两

1 本节要讲一讲计量工具天平，它是化学家的伟大盟友。拉瓦锡并不是第一个寻求这个盟友帮助的化学家。俄国天才学者米哈伊尔·瓦西里耶维奇·罗蒙诺索夫（Mikhail Vasilievich Lomonosov）早就使用过天平来对比一个装有金属的密封蒸馏瓶燃烧前后的质量，这比拉瓦锡早了15年。罗蒙诺索夫在1756年写道：“我们用这个封得极严的容器进行了很多次实验，来确定金属是否会因纯粹加热而增加质量。”“这些实验表明……在没有外部空气的情况下，燃烧后金属的质量仍保持不变。”
因此，罗蒙诺索夫对当时的化学家们所认同的燃素理论进行了猛烈的抨击。但这还不够，罗蒙诺索夫还从他的实验中得出了另一个引人注意的结论，他说：“自然界中所有的变化本质都是这样的：一个物体失去多少东西，另一个物体就增加多少东西。因此，如果在某个地方有几种物质消失，那么在其他地方就会增加。”这位伟大的科学家用这几句话表达了最重要的化学定律之一——物质守恒定律。

约瑟夫·普里斯特利（1733—1804），英国化学家。

年后，英国人**约瑟夫·普里斯特利**在对舍勒的成果一无所知的情况下，也取得了“火之气”。又过了几个月，拉瓦锡从普里斯特利那里捕捉到了一些模糊的暗示，即蜡烛在某种气体里燃烧得更亮，而后，他独立发现了空气的复杂成分。但在这三人中，只有拉瓦锡一个人正确地判断了“火之气”在自然界中的真正作用是什么。

拉瓦锡有一个伟大的盟友，它在工作中给了拉瓦锡很大的帮助。舍勒和普里斯特利也有这样一个盟友，但他们并不总是和这个盟友合作，也不重视它的建议。拉瓦锡的主要盟友就是——天平。

在开始某个实验之前，拉瓦锡总是仔细地称量所有将会产生化学变化的物质，然后在实验结束后又重新称一遍。他一边称，一边思考：“这种物质变轻了，而这个变得更重了。所以有什么东西从第一个出来了，然后与第二个结合了。”天平向拉瓦锡解释了燃烧的本质。天平也向他解释了，“火之气”[1]在燃烧过程中去了什么地方。天平告诉他，哪些是复杂，哪些是简单的。正是由于天平的帮助，拉瓦锡弄明白了很多东西。和舍勒一样，拉瓦锡也曾尝试在密闭的烧瓶里燃烧磷。但是，关于那1/5的空气在燃烧时跑到哪儿去了，拉瓦锡并没有对这个问题感到迷茫，因为天平给了他一个非常准确的答案。

在把一块磷放进烧瓶里点燃之前，拉瓦锡称了一下它的质量。而当磷烧完后，拉瓦锡称了烧瓶里剩下的所有干磷酸的质量。你认为哪一个更重呢，是磷还是磷燃烧后留下的东西呢？舍勒和当时所有的化学家甚至连天平都不看，就异口同声地说：“当然，磷酸一定比燃烧前的磷更轻。因为在燃烧过程中，磷被分解了，失去了燃素。退一万步，即使假设燃素没有质量，磷酸也该与磷的质量相等。”但事实并非如此。

1 拉瓦锡称之为“活空气”。

称重结果显示，燃烧后在烧瓶壁上沉淀下来的白霜比燃烧前的磷还重。真是不可思议：磷失去了燃素，但它变得更重了。这似乎非常荒谬，就像有人告诉你，把水从罐子里倒出来后，罐子会变得更重一样。那么，磷酸多出来的质量到底是从哪里来的？“从空气中来！”拉瓦锡回答说，“大家认为从烧瓶中消失的那部分空气，实际上并没有从烧瓶中消失，而只是在燃烧过程中与磷化合在一起了。而正是这种化合产生了磷酸。”这就很容易解释“火之气”神秘消失的原因了！一个谜团解开了，另一个谜团也就很容易弄明白！拉瓦锡知道，磷的燃烧并不是例外。他的实验表明，每当一种物质燃烧或金属生锈时，同样的事情都会发生。

他做过这样的实验。把一块锡放进容器里，并把容器四面都紧紧地封上，不让任何东西从外面进入。然后他拿了一个大放大镜，让炽热的阳光透过它直接射向锡块。锡受热先是熔化，然后生锈，最后变成灰色的松散粉末。对于容器中的锡和空气，拉瓦锡事先已经进行过称重。当燃烧结束之后，他又称了称剩下的空气和锡末。那么结果怎么样呢？锡末增加的质量和空气失去的质量一样多。但是，当时除了阳光之外，没有什么东西能从外面进入那个封闭的容器里。除了空气和锡，什么都没有。然而锡变成锡末之后，变得更重了。自这次实验之后，你还能否认锡末是锡与空气中的“火之气”或者说“活空气”的化合物吗？

拉瓦锡还在一个充满“活空气”的密闭容器中燃烧了最纯净的木炭。木炭烧完以后，蒸馏瓶里好像什么也没有剩下，只有一撮不太明显的灰烬。但是天平却不是这么说的。称重结果显示，烧瓶里的空气变得更重了，增加的质量正好是烧掉的木炭的质量。因此，木炭在燃烧过程中并没有彻底地消失，而是与“活空气”形成了一种新物质。这种较重的气体被拉瓦锡称为碳酸或碳酸气。

拉瓦锡详细记录下了实验，并公开发表了自己的看法。起初，几乎所有化学家都表示反对。“怎么可能！”他们说，“你是说，当物体燃烧或金属生锈时，它们不会消失，也不会分解成数个部分，相反，它们会吸引‘活空气’并与自己化合？”“完全正确！”拉瓦锡回答道，“我就是这么想的。”“那么，请问，”他们说，“您认为，燃烧时燃素会怎样？”“我不知道什么燃素。”拉瓦锡答道，“从没见过燃素。我的天平也从来没有告诉过我燃素的存在。我取的是纯净的易燃物，如磷，或纯金属，如锡，然后把它放在一个只有最纯净‘活空气’的密闭容器中燃烧。易燃物和‘活空气’因为燃烧而消失。容器中代替这两种物质的是一种新物质，比如说，干磷酸或锡的粉末。我对这种新物质进行称重。结果证明，仅它本身的质量就与易燃物和‘活空气’加起来一样。任何理性的人都只能从中得出一个结论：物质燃烧时与‘活空气’结合，并形成一种新的物质。这和二加二等于四一样清楚。而这和燃素有什么关系？没有燃素，一切都很清楚。有它只会让人困惑。”

这一说法在学术界引起了轩然大波。化学家们已经习惯了到处都有燃素这个看不见的幽灵，因此，他们没有办法立刻理解，怎么会突然宣布燃素不存在了。一想到燃烧的物体不仅不会消失或分解，反而还会将“活空气”与自己化合起来，这太荒谬了。火的破坏力难道不是每个人从小就熟悉的吗？

起初他们只是嘲笑拉瓦锡，后来开始批评他的工作，还断言，他的实验是错误的，天平在撒谎。但事实胜于雄辩。拉瓦锡坚持不懈地对燃素理论提出了越来越多、越来越有说服力的反驳。他列举的所有新事实，每个人都可以检验其正确性。在无可辩驳的事实压力下，燃素的支持者动摇了，并开始逐渐退缩。许多化学家做了各种各样的实验来平衡新发现与燃素两种学说。为此，他们提出了一个又一个复杂的理论和几十个极其不可思议的假设。

但最终拉瓦锡的观点占了上风。燃素党一个接一个地放下武器，心悦诚服地宣布：“事实显而易见，很难反驳了。拉瓦锡是对的。”到18世纪末，燃素已被彻底、永久地从化学中赶出去了。

第6节 元素的去伪存真

“火之气”或“活空气”的发现和燃素学说的灭亡，使化学界发生了翻天覆地的变化，化学研究呈现出了新的面貌。直到那时，人们才有机会真正了解，我们周围的世界是由哪些元素组成的。什么是更复杂的物质，磷还是磷酸？碳还是碳酸？金属还是燃烧后的金属渣？

在拉瓦锡之前，所有的化学家都说：“当然，磷比磷酸更复杂、金属比金属渣更复杂。磷由两种元素组成：燃素和磷酸。锡由两种元素组成：燃素和锡末等。”现在，人们发现燃烧和氧化[1]时，物质根本没有损失什么，反而把“火之气”吸引过来了，一切都变得完全不同了。现在必须把干磷酸看作一个化合物，而磷是一种元素，因为磷酸是由磷和“火之气”的化合产生的，而磷是不能分解成任何其他物质的。最纯净的碳被认为是一种元素，但碳酸不是。

拉瓦锡称所有金属为元素，燃烧后的金属渣则为化合物。此外，之前发现的“火之气”和“无用气”也出现在元素名单中。前者被拉瓦锡称为酸气[2]，因为它与一些可燃物化合形成酸：与磷化合形成磷酸，与碳化合形成碳酸，与硫化合形成硫酸。

---

1 金属表面生锈。

2 现在称为“氧气”。

而“无用气”被称为“氮气”，这个词是拉瓦锡从希腊语中选取的，意思是“无生命的”。

在那之前，水被认为是不可分解的元素。自古以来，科学家和哲学家总是从空气和水开始列举元素。关于空气的复杂性是如何被证明的，我们已经讨论过了。发现空气的复杂成分后，大约过了10年，轮到了水。先是英国人**卡文迪许**，后来是拉瓦锡，他们都证明了水根本不是一种元素，而是一种化合物。想象一下大家是多么惊讶：水，普通的水，实际上是由“活空气”或者说氧气和另一种拉瓦锡称之为氢的元素组成的。氢是金属溶于酸时释放出的最轻的可燃气体。继空气之后，还得把水从元素清单上划掉。

卡文迪许（1731—1810），英国化学家、物理学家。

这之后，拉瓦锡试图计算出世界上有多少元素。结果在30个以上。拉瓦锡认为，这30多个元素构成了世界上存在的无数复杂物体。然而，他对自己元素清单中的某些物质毫不掩饰地持怀疑态度。“我不得不把它们当作元素，只是因为我们暂时还不能把它们分解，”他承认道，“很多事实都说明了它们实际上是复杂的物质。总有一天，化学家会找到手段来证明这一点的，就像我们已经证明了空气和水的成分的复杂性一样。”很快，拉瓦锡的预言就分毫不差地变为现实。至于它是如何发生的，我们将在下一章讲述。

02

化学和电的联盟

导读

王凤文

“电”在我们现代生活中已经必不可少，孩子们试想一下，如果离开了电，你的生活会是什么样的？恐怕不仅仅是夜晚的黑暗那么简单吧？吃、穿、住、行、玩、乐，似乎都将穿越到几个世纪之前的样子，那么是谁发明了电？电的使用又为化学科学的发展做出了怎样的贡献？让我们一起来了解一下吧！

早在19世纪初，两位意大利科学家——路易吉·伽伐尼和亚历山德罗·伏特，发现电流可以在一个闭合回路上长时间连续不断地循环流动，伽伐尼是第一个发现者，伏特为此做出了正确解释。18世纪的最后一年，伏特还制造了世界上第一台产生电流的装置“伏特电堆”，即现在所说的电池。

一个看似简单的装置竟然能源源不断地产生电流，更为惊奇的是，物理学家制造的伏特电堆意外变成了化学家手中的利器。化学家们在没有用火的情况下，通过无声无息的电流就能够带来一个个惊人的化学变化。电的使用给科学爱好者带来了极大的兴致，年轻的英国研究员汉弗里·戴维和众多的科学家一样，也被伏特电堆所吸引，期待着它带来无穷无尽的奇迹。

1798年，20岁的戴维被邀请到布里斯托尔的气动研究院工作。“笑气”（一种氮氧化物，吸入后让人大笑而得名）的发现，让他在整个英国名声大噪。他随后进入英国皇家科学学院，被聘为皇家学院化学副教授、实验室主任和研究院杂志副主编，为伦敦最“高贵”的公众讲授用自制的电池进行趣味化学实验的课程。

戴维曾经涉足皮革鞣制、矿物分析和粪肥研究。然而最让他喜欢的课题还是电化学，也就是借助电池进行化学实验。在皇家学院的实验室，随着自己设计的电池越来越强大，大量的实验在进行中。

在第一次“贝克报告”演讲中，戴维成功用伏特电堆完成电解水实验，得出纯净水的电解只能得到氢气和氧气，不会产生酸和碱等物质，被认为是自伏特电堆的发现以来最大的科学事件。

一年后的第二次报告中，他发现了性质相似的两种新元素——钾和钠。

戴维利用伏特电堆电解的方法，成功地从原本以为不可分解的苛性碱中，制取出金属钾和钠，并且研究了两种金属的基本特性，揭开了“苛性碱是元素”的伪装。这其中经历了怎样的波折与困难？如何让电流通过冷的固体苛性钾？怎样收集并保存异常活泼的金属钾？在普通的苏打和草木灰里，竟然发现了如此不可思议的金属！这些金属有哪些特性呢？

钾和钠是非常活泼的金属单质，与氧气、水等物质能剧烈反应，所以，要得到钾、钠，必须用电解法。钾、钠要在煤油中封存。固态苛性碱（氢氧化钾和氢氧化钠）不导电，要熔融才能电解。现代化学通常用电解熔融氯化钠的方法制备金属钠。

接下来，借助瑞典化学家贝采利乌斯的指点，“钙”“钡”和“锶”相继从碱土中被分离出来，并证明了碱土不是元素。戴维的一生中发现了十几种元素，是发现元素种数最多的科学家，有“无机化学之父”的美誉！

在备受关注的第三次“贝克报告”中，戴维是否如前面一样得到科学界的认可？是什么原因让这位极有天赋的具有“无机化学之父”之称的科学家在探索之路留下遗憾？让我们走进本章，倾听曾对元素的发现做出巨大贡献的科学家——戴维的故事。

第1节 伏特电堆

在19世纪初，两位意大利科学家——路易吉·伽伐尼（Luigi Galvani）和亚历山德罗·伏特（Alessandro Volta），有了一个非常重要的发现：电流可以在一个闭合回路上长时间连续不断地循环流动。伽伐尼是第一个观察到这种现象的人，而对此做出正确解释的是伏特。伏特还制造了世界上第一台产生电流的装置。这是在18世纪的最后一年。从那一刻起，科学技术史上的一个新时代开始了。

伏特的机器非常简单。将金属锌环放到银或铜圈上，或者至少放到普通硬币上。然后，将被盐水浸透的纸板、皮革或呢子制成的圆环叠放在金属环上，上边再放一个银环，银环上边又放上锌环，然后是生皮。这样连续重复10次、20次、30次……最后堆砌而成一根柱子，后来被称为“伏特电堆”（因音译不同，又被称为“伏打电堆”）。这种金属环和非金属环的简单堆砌使电流源源不断地产生。

你还可以用另一种方法来建造伏特电堆——由垂直堆砌改为横向排列。10个、20个或随便多少个装有盐水或稀酸的玻璃罐，一个接一个地摆放好。在每个罐子里，都在其中一边放一块铜板，另一边放一块锌板。把每个罐子的铜板和旁边罐子的锌板连在一起，这样，所有这些罐子就变成了一个整体。这种电池比圆环电堆柱所占的空间大得多，它的作用也要强得多。

每个人都可以很轻松地制作一个这样的装置，来检验伽伐尼和伏特所发现的新力量的作用。很快人们发现，借助电流可以做一些神奇的事情。

首先，电流可以分解水。一旦伏特电路闭合，水就会迅速分解。其中一端释放出可燃性气体——就是我们已经熟悉的氢气；从另一端升起的是小气泡形式的氧气，也是我们所熟悉的舍勒所说的“火之气”。

此外，人们还发现，当电流通过普通的水时，其中一边电极板上会莫名出现酸，另一边会出现苛性碱。所以，电流不仅把水分解成氧气和氢气，还从水中提取了以前从未在水中发现过的物质。

过了一段时间，又有了新的发现：伏特电堆的电流能从金属盐溶液中析出该金属。例如，如果在水中溶解硫酸铜的蓝色晶体，然后让电流通过这种溶液，那么其中一块电极板上很快就开始覆盖上一层均匀的纯红铜。利用这种方式，也很容易从液态溶液中分离出银、金和其他金属。

物理学家制造的伏特电堆意外变成了化学家手中的利器。在没有火的情况下，电流无声无息地带来了最惊人的化学变化。关于“电”实验的消息越来越多，数不胜数，科学杂志的编辑们甚至都来不及刊印。就像淘金者从四面八方涌向新发现的富饶砂矿一样，科学家们现在也被伏特电堆所吸引，期待着它带来无穷无尽的奇迹。

在这一众早期电化学家中，年轻的英国研究员汉弗里·戴维的名字很快就响亮地传开了。

第2节 汉弗里·戴维的童年与青年

在伽伐尼教授第一次向世界宣布自己发现的那一年，汉弗里·戴维还是一个活泼顽皮的男孩。他对学校的功课并没有太大的兴趣，对拉丁语也学得不用心，加上经常做恶作剧，所以时不时就被老师揪耳朵。因此，他宁愿坐在河边钓鱼，或者在树林里游荡打鸟，也不愿去背那些古罗马诗歌。“唉，汉弗里！”他的老师科里顿（Coriton）牧师轻蔑地挥了挥手，说道，“他干不了什么大事。”

汉弗里出生在彭赞斯镇[1]，童年也是在那儿度过的，那个小城是一个真正的穷乡僻壤。由于交通问题，它与英国的大城市隔绝开，从那儿到伦敦比现在从欧洲到埃塞俄比亚还要困难得多。他们那个时候大多是骑马的，在这个小城里，一辆普通的马车都和伦敦街头的骆驼一样稀奇。外面世界的新闻报道在这里传播得很少，就算传过来，也都过时了，而且这里没什么人对这些新闻感兴趣。打架、狩猎、斗鸡、酗酒，这些都是彭赞斯人的主要娱乐活动。那么是什么激发了一个孩子对科学的兴趣呢？科里顿牧师用他教的拉丁文肯定不可能做到这一点。

汉弗里16岁以前是个相当淘气的小子。在当地的年轻人中，他最出名的是，能写几句诗，打猎不错，除此之外，他和其他没受过多少教育的轻浮少年一样。当他的木匠父亲去世之后，戴维的生活立刻发生了变化。作为一个丧父家庭的长子，年轻的汉弗里第一次感到了巨大的责任。的确，他没办法为自己的家出什么力，当家里需要一个养家糊口的人时，无论是诗歌，还是拉丁文，或是鱼竿，都无济于事。于是，他去了当地医生博尔拉兹（Borlaz）那儿当学徒。

博尔拉兹和当时的许多医生一样，是一个从实践中走出来的医生。他没有学过专门的医学，但日积月累，他已经掌握了不少治病救人的本领。一开始，博尔拉兹只是从旁观看自己的师父和老板怎么工作，并在一旁帮帮忙，然后才开始自己独立接诊。汉弗里·戴维现在也要走同样的路。当时，大家都认为学医就像学缝靴子或钉马掌一

1 彭赞斯镇（Penzance），属于英格兰西南部的康沃尔郡，距离伦敦约490千米。

样，没什么体面的。

博尔拉兹同时也是一名药剂师，他用自己制的药给人治病。少年的戴维，从当学徒的头几天起，就要负责捣碎各种粉末，溶解盐和各种香料，蒸馏油和酸。在博尔拉兹的药房里，他第一次接触到化学。

和瑞典人卡尔·舍勒一样的故事又发生了。汉弗里从制造药丸和药水转向了最复杂的化学实验，很快他就开始真正地投入到这个新事业中去了。诗歌和钓竿并没有被完全抛弃，而是被置于次要地位了。每到晚上，博尔拉兹的家人就会时不时被爆炸声惊醒，从床上跳起来。这个疯狂的学徒慢慢掌握了化学科学的奥秘。汉弗里到那时才明白，他自己其实是个彻头彻尾不学无术的人，于是开始非常努力地追赶。首先，他制订了一个自学计划：学习至少七种语言，包括当前还在使用的语言和那些古老得快要绝迹的语言，钻研十几甚至二十种不同的学科——从解剖学到哲学。当然，对一个16岁的少年来说，完成这样一个计划可能不太容易。但戴维表现出了惊人的天赋，他学东西非常快，很容易就读完了那些厚厚的大部头书卷，就像看有趣的笑话书一样简单。他的朋友们都很惊讶，戴维能把书的内容掌握得这么好，尽管看起来他好像只是把书走马观花地翻了一遍。

两年过去了，戴维以前的老师不得不承认，他严重误解了自己那个顽皮的学生。彭赞斯及周围地区最有学问的人，都对戴维的学识和他那些巧妙的实验感到很惊奇。他的故事很快就流传到彭赞斯之外。1798年，20岁的戴维被邀请到布里斯托尔[1]的气动研究院工作。在那里，有个名叫贝德道斯（Beddous）的教授在实验用氮气、氢气、氧气和其他新发现的气体来治病。戴维在这里做了很多有趣的研究。他发现了“笑气”——一种像酒一样让人兴奋和陶醉的气体，这让他在整个英国声名鹊起。

1 布里斯托尔（Bristol，又译为布里斯托，香港旧译为碧仙桃），英国英格兰西南区域的名誉郡、单一管理区、城市，建市于1542年，是英格兰八大核心城市之一。

有一天，戴维收到一封来自伦敦的信，皇家学院邀请他去工作。这个学院被冠以“皇家”称号，并不是因为英国国王领导或以任何方式参与了它的工作。国王和它几乎没有任何关系，他甚至连一分钱都没给过学院。一些慈善家们向富人募捐再加上自己的捐助来维持学院的开支。然而，国王“恩维”他们把自己列为这一科学机构的创始人之一，因此该机构被冠名“皇家”。对年轻的戴维来说，首都学院的邀请当然是非常光荣的，他立即答应了。

1801年2月16号，皇家学院董事会召开会议，会议记录上写道：“聘请汉弗里·戴维先生为皇家学院化学副教授、实验室主任和研究院杂志副主编，并允许他使用学院的一个房间，为他提供壁炉所用的木炭和照明蜡烛，并每年向其支付100基尼[1]的工资。”

第3节 在阿尔伯玛利街的学院

伦敦那些所谓上流社会的闲人突然发现了一种全新的时髦消遣方式：参加皇家学院的化学讲座。那时英法两国开战，英国大陆和快乐之都——巴黎之间的通道关闭了。有钱人找乐子该怎么办呢？就在这时，传出了一个消息，说阿尔伯玛利街的学

1 基尼，英国旧货币名，基尼货币出现在1633年，是英国第一代由机器生产的货币。

院[1]来了一位教授，他正在做一些非常特别的讲座。时尚达人和有名望的绅士们在家里和俱乐部正无聊得要命，他们立即就弄到了讲座的门票。

化学这种“娱乐”在伦敦的上流社会还没有出现过。在阿尔伯玛利街的演讲厅里，首先映入访问者眼帘的是一张大桌子，上面摆满了各种仪器。稍微有些阅历的人马上就会认出，这些仪器之间放着高高的伏特电堆——电线从这些高高的电堆柱向四面八方呈螺旋状延伸。到了预定时间，大门打开了，教授出现在讲台上。女士们立刻把单目眼镜拿到眼前，男人们则伸长脖子，齐齐往台上望去。站在他们面前的是一个纤弱的二十岁左右的年轻人。他有一个小脑袋，一头棕色的头发，一张活泼生动的脸。“他这么年轻啊！”大厅里的人们窃窃私语着。

这就是汉弗里·戴维教授，一个木工的儿子，也就是六年前那个口袋里装着鱼钩和鱼饵在彭赞斯的街道上跑来跑去的汉弗里。而现在，他在为伦敦最“高贵”的公众讲课。戴维从一个仪器跑向另一个仪器，既灵活，又有些紧张。他先接通电路，然后再断开，向大家演示，蓝色石蕊[2]是如何因电池板上出现酸而变红的，又展示了一种物质是如何瞬间分解成别的物质的。在他的叙述中，枯燥的理论突然变得生动而简单。他满腔热情，讲话娓娓道来，有时似乎让人觉得，在讲坛上的不是一名学者，而是一位朗诵自己诗歌的诗人。

化学家戴维谈到自己的科学和实验时，是那么充满激情、有说服力，甚至传教士和政治演说家都比不上他。他的讲座取得了巨大的成功，大厅里总是人满为患。人们对讲坛上的他报以雷鸣般的掌声，女士们则像对待著名的男高音歌唱家一样，向他献

1 指的是英国皇家学院。

2 石蕊，是一种常用的酸碱指示剂。

上鲜花，并偷偷地给他信。富人们争先恐后地邀请他到家里去做客。戴维也从没有拒绝。他擦去手上化学试剂的痕迹，穿上晚礼服，就跑去参加宴会或舞会。这位伟大的实验家、聪明的科学家、充满激情的科学诗人，在宴会厅里盘桓太久了，浪费了不少宝贵的时间。但天赋和青春胜过一切，他总能在几个小时的工作时间里做完很多事。

他在皇家学院实验室做什么工作呢？学院的董事们常常给他一些最出人意料的工作。第一年，他们邀请戴维为皮革专家讲授皮革鞣制课。“饶了我吧！”戴维恳求道，“我从来没去过制革厂。”董事回答说：“没什么，您对化学知识很了解就够了。”没办法，他不得不去研究鞣皮工作。戴维总是很快就能弄明白各种新事物，对工作也很容易入迷。很快，他在这方面就取得了巨大的成就。他发现一种特殊的树汁——儿茶[1]，用来鞣制皮革很好用，便开始教工厂里的制革工人使用这种东西。

董事们很快又为他找到了一个新任务，那就是研究并细分学院收集的各种矿物的成分。戴维只得开始做矿物分析工作。

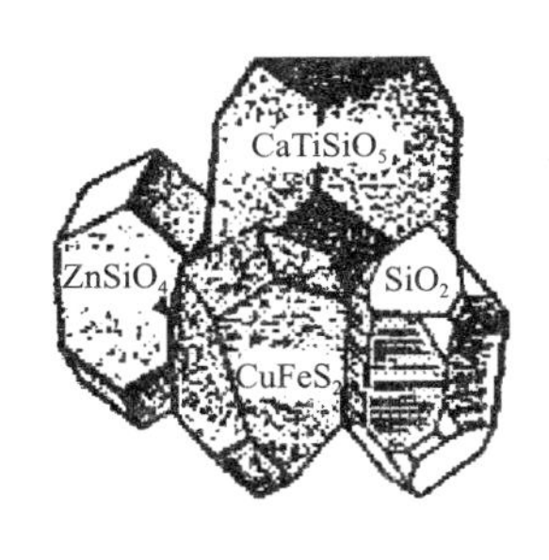

后来他又被安排去搞农业化学，研究耕作问题。于是他开始参观庄园和农场，在土里挖来挖去，研究粪肥，和老人们谈论庄稼与收成。

但他做这一切更多是被迫的，而不是出于自己的意愿。戴维还有另一个自己最喜欢的课题，那就是电化学，他总是能为它挤出时间。在布里斯托尔气动研究院的时候，戴维制作了一个伏特电堆，并用它做了很多实验。现在戴维接管了皇家学院的实验室，他又开始制造电池，并且一个比一个强，有些电池上可能有上百对甚至更多的金属板。戴维做了很多实验，打算弄明白电流带来的种种化学变化。当电流通过

1 儿茶，是豆科、金合欢属落叶小乔木，从心材中提取的拷胶是工业上鞣革、染色用的优良原料。

普通的水时，酸和碱是从哪里来的？这是最初引起他最大兴趣的问题。他一步一步地找出了问题所在。

有些人认为，酸和碱是电流凭空制造出来的，显然这种观点是错误的。在电流的作用下，从容器的玻璃中、从金属板的杂质中等各处，一些异物被提取出来。被分解后，它们以酸和碱的形式聚集在浸入水中的电极板上。戴维是这样解释的。后来，他做了这样一次实验：把纯净的蒸馏水[1]倒进一个通电的纯金器皿里。他把这个装置放在玻璃罩下面，然后用泵把里面的空气抽走。很明显，里面不可能有任何杂质。然后他接通了电源。瞬间水中出现了氢气和氧气泡，但并没有出现酸和碱。

戴维在1806年11月20日向皇家科学协会[2]报告了这一情况，这份报告被称为贝克报告。原因是：一个名叫贝克（Baker）的古董商人和科学爱好者，在去世时遗赠给皇家协会100英镑。贝克将这笔钱存入了银行，把每年的利息奖励给在皇家科学协会发表杰出新发现的人，而报告则以贝克命名。这种做法在如今的资产阶级国家中仍然很普遍：一些虚荣的有钱人，通过捐钱给科学，想为自己买来不朽的荣誉。

19世纪初，做贝克报告，在英国被认为是一种荣誉。1806年，戴维首次做了这样的报告。这次演讲，被认为是自伏特电堆的发现以来最大的科学事件。戴维的第一份贝克报告给科学家们留下了极其深刻的印象，甚至在一个陌生的敌对国家——法国，他也被授予了金质奖章和伏特奖。但那只是个开始。整整一年后，戴维再次向皇家协会提交了一份报告。这一次，德高望重的学者们听到了一些难以置信的事情。原来戴维发现了新的化学元素！

---

1 蒸馏水，是指经过蒸馏、冷凝操作的水。

2 皇家科学协会，相当于其他国家的科学院。

第4节 苛性钾和苛性钠

化学家们自古以来就在实验室中使用许多物质，其中苛性碱，即苛性钾和苛性钠，一直占有非常重要的位置。在实验室、工厂和生活中，有数百种不同的化学反应都是在碱的参与下进行的。例如，大多数在水中无法溶解的物质，苛性钾和苛性钠都可以让它们溶解，就连最强的酸和令人窒息的蒸气，也可以通过碱消除所有的腐蚀性和毒性。

苛性碱是非常奇特的物质。它们看起来就是相当坚硬的白色石头，似乎没什么了不起的。但当你试着拿起这些苛性钾或苛性钠，把它攥在手里，你会感到轻微的灼痛，几乎就像碰了荨麻一样。如果把苛性碱长时间拿在手里，手就会疼得要命，它们会腐蚀皮肤和血肉，直到露出骨头。这就是为什么它们与其他不是那么“邪恶的”碱，比如大家熟知的苏打和老碱不同，它们被称为“苛性的”。顺便说一句，苛性钠和苛性钾也能从苏打和老碱中取得。

苛性碱对水的吸引力最大。如果让一块完全干燥的苛性钾或苛性钠暴露在空气中，不一会儿，它的表面就会出现不知从哪里冒出来的一些液体，然后变得又湿又松，最后就会化成糊状。这是因为它从空气中吸收水蒸气，结合形成浓溶液。当你第一次把手指浸入苛性碱溶液时，你会惊讶地喊出：“像肥皂一样！”完全正确。碱就是像肥皂一样滑。此外，肥皂之所以有“肥皂”的感觉，是因为它是由碱制成的。苛性碱溶液的味道尝起来也像肥皂一样。

但化学家不是通过味道来识别苛性碱的，而是通过它遇到石蕊和酸时怎么变化来识别的。蓝色石蕊试纸在浸入酸液的瞬间变红；如果再用这张红纸碰碱，它又会立刻变蓝。苛性碱和酸哪怕一秒钟都不能在一起和平共存。它们会立即产生剧烈反应，发出嘶嘶声，变热，相互消灭，直到溶液中只剩下一粒碱或一滴酸。只有到那时，一切才会平静下来。在这种情况下，碱和酸相互“中和”。它们结合在一起，就会产生“中性”盐——既不呈酸性，也没有碱性。例如，腐蚀性盐酸与苛性钠的化合就可以制成最普通的食盐。

食盐

对戴维时代的化学家来说，苛性碱是最常用的试剂。每个初级实验员都是先认识的它们，然后就再也离不开它们了。

人们认为，苛性碱是不可分解的简单物质。它们可以与各种各样的物质相化合，但似乎已经不可能把它们分解成更简单的物质了——任何力量都办不到。因此，它们与金属、硫、磷及新发现的气体氧、氢、氮一起被认为是元素。这些物质是当时每一位化学家都熟知的，汉弗里·戴维决定用这些物质来测试电流的分解作用。

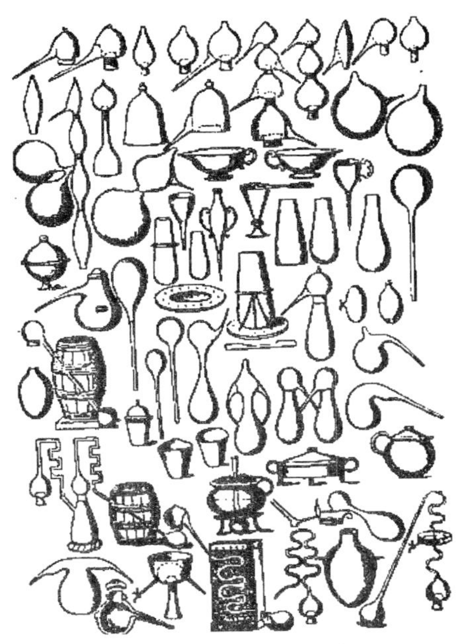

17世纪末18世纪初的化学器具

第5节 淡紫色火焰的秘密

当戴维看到电流很容易分解化学物质，甚至是电池中偶然发现的微小杂质时，他头脑中立刻产生了一个想法：“也许，许多我们认为不可分解的物质都抗不住电流的作用。”于是，他开始研究并比较硫、磷、碳、碱、苦土、石灰、矾土的性质。它们是不是元素？如果不是元素，那么它们含有什么我们还不知道的物质呢？这是一个值得努力探究的奇怪谜团！

出于多方面考虑，戴维决定从苛性碱开始研究。它们的某些化学性质与一些已知的成分复杂的物质很相似。戴维认为，既然是这样，也许碱也是复杂物质。难怪伟大的拉瓦锡也提出了类似的设想。当然，拉瓦锡没有办法证明这一点，其他化学家也不同意他的观点，但如果像拉瓦锡这样聪明的科学家都对碱有所怀疑，那么从碱开始研究一定是有意义的。

首先，戴维把苛性钾溶解在水中，想要把它分解。于是，他吩咐自己的助手——表弟埃德蒙把皇家学院现有的电仪器收集并接通到一起。这样，他们制造了一个非常巨大的电池组：24个大型电池，装有1英尺[1]宽的锌、铜方形电极板；100个小一些的电池，装有半英尺宽的电极板；150个更小一些的电池，装有4英寸[2]宽的电极板。这个超大的电池组提供了非常强的电流，戴维希望，苛性钾承受不住它的冲击，然后分解。他在玻璃器皿中注入无色透明的碱液，然后将两根与电池组相连的电线放入其中。

当电流通过溶液时，两根电线上都出现了气泡。很快，溶液开始沸腾，升温，气泡从溶液中越来越快地涌出到空气中。“这是水分解成了氢气和氧气，”戴维沮丧地说，“让我们看看还会发生什么。”但后来还是一样。电流分解了碱溶液中的水，而苛性钾本身则保持原样。然而，戴维并不是一个在困难面前退缩的人。“好吧，”他下定决心，“如果水挡了路，我们就不要水了。”

1 1英尺等于30厘米。

2 1英寸等于2.54厘米。

他决定使用熔融的无水碱来替代水溶液。他把干燥的苛性钾倒入白金勺中。在勺子下方放置一个酒精灯，并用风箱将预先存储的纯氧吹入火中。有了氧气的帮助，火焰烧得更亮了，大约3分钟后，苛性钾就在勺子里化成液体了。他立刻把一端的导线引到勺子上，又准备把另一端导线从上放入碱液中。这些腐蚀性液体微微冒着烟，喷出刺人的火花。但戴维非常兴奋，丝毫感觉不到疼痛。“它会不会分解呢？”他一边想着，一边把白金导线拉到已经熔化的碱的表面。“现在没有水了。勺子里只有苛性钾。如果它不是元素，那么马上就会有所发现了……但是也许，电流根本不会通过熔化的碱？”但他白担心了。电流通过去了！

“喂！”戴维喊了一声，激动得声音都有些不像自己的了，“过来，埃德蒙！我打赌碱一定分解了。”助手一边用手保护眼睛不被火花溅到，一边向仪器靠近。而戴维差点把鼻子埋在勺子里。在电流的作用下，熔融的苛性钾发生了明显的变化。在白金丝接触到碱的地方，喷出一缕纤细的火舌，火焰是美丽的淡紫色。当回路没有断开的时候，火焰持续燃烧；而一旦断开电流，它立即消失了。

助手不解地看着教授：“这是怎么回事？”戴维自信地说：“亲爱的埃德蒙，这意味着，咱们一起揭穿了这个假元素。电流从碱中分离出一种未知的物质，这种物质是碱的一部分。它在导线上燃烧出淡紫色的火焰。没有别的解释了。但这种物质是什么，以及如何提取它，我自己还不知道。”

是的，提取这种神秘的东西似乎不是一件容易的事。它一直都存在吗？戴维是不是太重视白金线上的淡紫色火焰了？实验员路易吉·伽伐尼不如戴维那么激动，他曾说过这样一句充满智慧的话：“研究人员在实验中看到的，常常不是真正存在的东西，而是他自己想看到的东西。”

也许，在那勺熔化的碱液里，戴维看到的只是他自己想看到的东西。他反复做了好几次这个实验，只要上边导线一连接到电池的负极，白金勺子连接到正极，每次都会出现淡紫色的火焰。当他调换了两条导线时，火焰就没有了，但出现了其他的碱分解迹象：某种气体的气泡从勺子底部升起，然后冲向空气，一个接一个地燃烧起来。也许这是氢气。至于这种燃烧着淡紫色火焰的未知物质，仍然让人捉摸不透。

第6节 伟大的实验！

十月的一个雾蒙蒙的早晨，戴维刚吃完早饭，就从他的房间下楼去了实验室。今天又要进行一次尝试。第一次，由于水的存在，他未能成功分解碱。第二次，也许是错在碱液的温度太高，已经熔化得通红。所以，要想分离出那种未知的物质，就必须使用无水碱，而且不能有火，要避免在它刚出现的时候就燃烧起来。这样，估计就可以分离成功了。但是，没有火怎么能熔化苛性钾呢？是不是应该试着让电流通过冷的固体碱呢？在那个令人难忘的早晨，戴维带着这种想法走进了实验室。

由于前一天他参加了一个贵族舞会，回来晚了，晚上只睡了三个小时，所以现在感觉很糟糕。但是，他只要一开始工作，不舒服的感觉就都消失了。他像往常一样，充满激情地开始了实验。很快埃德蒙也来帮他。现在实验的全部任务，就是让电流通过冷的固体碱。戴维知道，干燥状态的苛性碱是一种绝缘体，就像玻璃或磷一样，是不能导电的。所以他试着用水把碱打湿，但那样电流只是把水分解掉，而没有分解到碱。

连续几个小时，戴维一直在与这种顽固的东西作斗争，但都没有成功。如果他不让碱沾水，那么尽管电池一直在全力运转，电流也通不过去。然而用湿碱也得不出什么结果。但戴维没有放弃。他把世界上的一切都忘得一干二净。眼前只有那块白色的抗拒一切的顽固苛性钾。“无论如何，我必须把它分解！”几十个新方案浮现在他的脑海中，但都过于复杂，成功的机会太小。“不，无论如何都必须让电流通过固体碱。”他下定决心。戴维说：“来吧，埃德蒙，来吧。我们再试一次，再拿一块碱。”

于是，埃德蒙又从罐子里取出了一块绝对干燥的碱。但是，在把苛性钾放到与电池正负极相连的白金片上之前，戴维在空气中拿了它一分钟！“这次我们试着让它从空气中吸收一点点水分。也许这一点就足够让固体碱成为导电体了。同时，这些水分量太少，不能阻碍电流去分解碱。”他思考着。这真是个非常棒的想法！干燥的苛性钾不行，湿的也不行，他决定把碱弄得既不干也不湿。

当这块苛性钾刚刚覆盖上一层稍微明显的湿气膜时，戴维就把它放在白金片上了。然后，用一根白金丝从上面接触它，想要通过它来形成一个闭合电路。电流通了。立刻，固体碱就开始从上下两面熔化。戴维脸色苍白，站在实验装置旁，几乎不敢呼吸。碱在与金属接触的地方熔化了，发出轻微的嘶嘶声。这几秒钟就像几个世纪一样漫长。突然，在熔化的碱液上方传来了一声响亮的爆裂声，好像一个小爆炸一样。戴维用胳膊肘使劲推了一下他的助手，然后把头低下去看实验装置。“埃德蒙……埃德蒙……”他喃喃地叫道，“看啊，埃德蒙！”

在上面，熔化的碱开始越来越剧烈地沸腾，而在下面，在白金片上，熔化的碱中生出了一些很微小的小球。它们就像水银球一样，可以移动，带有银色的光泽，但表现又与水银完全不同。其中一些刚一出现，就迸发出美丽的淡紫色火焰，啪的一声裂开，然后消失无踪；另一些则幸存下来，但也很快在空气中变得昏暗，并被一层薄薄的白膜覆盖。原来，苛性钾里含有某种金属！而且到目前为止，还没有人知道它的存在。

戴维像个疯子一样，嚯地从座位上站起来，兴奋地在实验室里跳起来。接连撞掉了架子上的什么东西，空蒸馏瓶撞在铁制三脚架上，“砰”的一声摔得粉碎。一个仆人刚在角落里装满了一瓶蒸馏水，吓得连手里的虹吸管[1]都来不及放下，就要从实验室里跑出去。“哈哈！”戴维喊道，“太棒了！干得好，汉弗里！你逮住它了！”他抓住表弟的肩膀，摇晃着，把他从桌子旁拉开。“断开电路吧，埃德蒙，”他喊道，“别再放烟火了。我们已经成功了。你明白我们做了什么吗？”“我完全明白，汉弗里。衷心祝贺您！”戴维久久不能平静，他还陶醉在胜利中。“这还只是个开始，”他对自己的助手说，“现在轮到其他元素了。在电流面前任何东西都扛不住。我们要把所有的化学物质都搞明白！”但今天恐怕不能继续实验了，因为戴维的快乐让他完全失去了理智。

他平静了一会儿，坐在桌旁，打开一本实验记录。他甚至激动得把墨水溅得到处都是，还弄坏了笔尖，但总算把这一天的一切都记录下来了。然后他匆匆地洗了洗手，一边大声唱着歌，一边冲出实验室。刚到门口，戴维突然停了下来，好像想起了什么，然后回到他的书桌前，打开那本记录，翻到记着最新实验结果的那一页，在空白处，用粗体大写字母写道：伟大的实验！

1 虹吸管是使液体产生虹吸现象所用的弯管，由虹吸软管、球形气囊构成，呈倒U形而一端较长。使用时，管内要预先充满液体。俗称过山龙。

第7节 一种在水中不下沉但在冰中燃烧的金属

虽然戴维那天表现得像个兴奋的小男孩，但是没人能责怪他。好几个月以来，他一直梦想着分解苛性碱，但尝试过几十次都失败了，分解那些被认为是不可分解的东西，这个大胆的想法现在才算完全成功了。他把苛性钾从元素清单上划掉，取而代之的是一种全新的真正元素，这种元素直到那一天才为人所知，他称之为木灰素[1]。

戴维工作时，总是充满激情，而且行动迅速。现在他又浑身充满能量，迫不及待地想收集更多的新物质，来进行彻底的研究。但这并不容易，因为钾是一种具有非凡特性的物质。首先，它非常固执地“不愿意”保持在纯粹的“原始”状态。这种金属一出现，就想马上消失，并与其他物质化合。戴维真是费了点儿脑筋，才找到办法，让它在几天内保持不变。其次，即使它从熔化的碱中出现时没有爆裂燃烧，也还是会在空气中迅速发生变化。几分钟之内，就在你眼前，它就会马上失去光泽，变得黯淡，披上一层白色的膜。把它刮掉也没用，裸露在外的地方会马上被一层新膜覆盖。薄膜很快变湿变松。再过一会儿，一块金属就只剩下一滩不成形的灰色浆液了。只要用手指摸一摸它，就会立刻发现，它是我们以前

1 英国人把苛性钾也称为草木灰。

熟悉的苛性钾：摸起来像肥皂，红色的石蕊试纸会立刻被它染成蓝色。很明显，这种变化意味着，钾贪婪地从空气中吸收氧气和水蒸气，变回原来的状态，变成了碱。戴维试图把钾扔进水里。本来扔进水里的金属应该马上掉到水底，然后静静地躺在那里。至少，戴维知道的所有金属都是这样的。但在钾身上发生了完全不同的事情：它并没有沉底，而是发出尖锐的嘶嘶声，在水面上窜来窜去。接着是震耳的爆裂声，淡紫色的火焰在钾上面闪烁迸发出来。就这样，它浑身是火，发出噼啪声在水面上跑来跑去，体积越来越小，直到变成苛性碱，溶进溶液中。

不管戴维把这个"流氓"元素放在哪里，它都会发出嘶嘶声、噼啪爆裂声，迸出火焰。虽然它与其他物质相遇，表面上是和平的，但它最终还是逐渐地把其他元素从它们的化合物中排挤出去，而自己取代了它们的位置。它在酸中着火，腐蚀玻璃；在纯氧中，它会突然燃起火，迸发出耀眼的白光，让人无法直视；在酒精和乙醚中，它只要发现一丝一毫的水，就会立即把它分解；而当碰到金属，它就轻而易举地、心甘情愿地熔化了；它与硫和磷化合会燃烧；即使在冰面上，它也会着火，将冰面烧穿，直到变成碱时，它才会安定下来。戴维该怎么处理这个不安分的元素呢？把它放哪儿去呢？保存在哪里，如何保存？对于找到某种能承受住钾的物质，他几乎失去了希望。但幸运的是，还是找到了，那就是煤油。

在纯净的煤油里，钾很安静。它显然对煤油毫无感觉，非常平静地躺在那里。自从确定这一点性质后，戴维后来每次在从碱中获得钾块的瞬间，就会把它藏在煤油中，这样工作起来就容易多了。用这种方式，既可以做好钾的储存，也不必担心会因为缺钾而一次又一次地中断实验。但是，当终于积攒了足够多的新物质来研究它的性质时，戴维又开始怀疑，钾是真正的金属吗？

一方面，这一点似乎是非常明显的。因为，钾在空气中发生变化之前，它就像抛光的银子一样闪耀着光彩夺目的金属光泽；与所有金属一样，它能很好地导电和导热，并溶解在液态汞中。

但是，另一方面，哪儿见过金属在水中燃烧、在空气中一眨眼就生锈的呢？此外，钾像蜡一样柔软，很容易被刀割开。还有，它太轻了，尽管煤油本身比水还轻，但是钾在煤油中也不总是能沉底。金子的质量是它的二十多倍，水银是它的十六倍，铁是它的九倍。甚至有些木料的轻盈程度都比不上钾。尽管如此，戴维最终还是下定决心，承认它就是金属。

他想："这当然令人惊讶，毕竟钾这么轻。但是，要是这么说的话，与黄金和白金相比，铁也是一种非常轻的金属。而水银介于两者之间，比白金轻，但比铁重。问题就在于，我们已经习惯了旧金属，而对新金属的存在一无所知。随着时间的推移，可能还会发现除钾之外的其他金属，填补它与铁之间的整个区间。"后来戴维的预言完全变成了现实。

第8节 六个星期的突击

1807年11月19日，皇家科学协会按例应举行贝克报告会。当然，这一次戴维依旧是报告人。谁能质疑他的荣誉呢？没有什么科学成果能让钾的发现黯然失色。

但发表贝克报告应该做好充分准备，应该收集很多事实和观察资料。戴维想在剩下的几个星期里尽可能多地研究新物质，这样报告就能写得更加清楚。他自己也想尽快了解有关钾的一切情况。

在这一个半月里，戴维的生活简直过得非常疯狂。他总是一会儿扔下这，一会儿抓起那，同时进行好几个工作，这种工作作风让他远近闻名。但是，他的助手和实验室工作人员都疲惫不堪。戴维甚至会在一天之内做100次实验。他在风箱、电池组、气泵和桌子间奔来跑去——记录下实验结果。他狠狠地敲打着实验器皿，甚至弄坏仪器毫不心疼。这几天，钾的爆裂声与烧瓶和曲颈甑的炸裂声交替进行。

戴维脑海里不断涌现出许多新的猜想。方案一个接一个地出现。每一个方案，他都会立即动手尝试，即使要拆除的装置是一个小时前才费力搭建好的，他也不会停下考虑考虑。周围一片脏乱无序，实验室被折腾得就像马厩一样。后来，戴维对钾元素已经了解得十分透彻，已经不亚于其他化学家几个世纪以来一直在努力研究的任何一种古老元素了。

在六周的时间里，戴维创造了一个全新的化学部门。但是，他并没有局限于钾这一个研究。他把苛性钾分解后，立刻着手研究另一种碱——苛性钠。这种物质很快也被电流分解了！就像苛性钾一样，它原来也是一种复杂物质。它也是由氧气、氢气和一种那时暂时未知的金属生成的。

这种金属与钾惊人的相似。它比钾轻一点。它也有银色的光泽，虽然比钾硬一点，但也可以用刀子毫不费力地切开。它在空气中也会快速发生变化，在水面上也会跑来跑去并发出嘶嘶声，但没有火焰。它也会在煤油里平静下来，遇酸也会燃烧，但它的火焰并不是跟钾一样的淡紫色，而是深黄色。

总之，戴维一下发现了两个相似的元素——双子元素。说实话，它们在某些方面是有不同，但相似之处远远大于不同之处。第二个金属的活性比钾略低——仅此而已。然而，它仍然有足够的活性，可以将冰面烧出洞来。

戴维给它起名为“苏打素”（sodium），因为它是从苛性钠中提取出来的，而苛性钠又被称为苛性苏打，即火碱。戴维发现的金属，直到今天在英国也被称为木灰素和苏打素，而我们习惯称其为“钾”（potassium）和“钠”（sodium）。

六个星期以来，戴维一直在不停地做实验。其工作以惊人的速度推进。不过，别以为他这几天一直不眠不休地待在实验室里。不管怎样忙碌，他的美好生活还在继续着，邀约总是一个接一个。今天是舞会，明天是宴会，后天两个一起……戴维，伟大的戴维，无论去到哪里，那神奇的双子金属一刻也没离开他的脑海，不管是在家里，还是其他地方。

于是他在钾、钠及贵族客厅之间忙得不可开交。此外，他还会进行诗歌创作。还被邀请去监狱做调查。因为伤寒正在那里肆虐，需要戴维找到一种好的消毒剂来阻止疾病蔓延。他在那里看到了可怕的地窖、满是臭虫的囚室，以及虚弱不堪的囚犯，这些人因浑浊的空气、发臭的食物和疾病而面色蜡黄。说实话，化学对他们能有什么帮助呢？当然毫无帮助。但戴维并没有拒绝，人家邀请他去哪儿，他就去哪儿。

11月19日，即在皇家协会演讲的日子快到了，戴维却病倒了。他变得消瘦不堪，两眼凹陷，脸色苍白。但他没有放弃。他总是在实验室里一直待到凌晨三四点。然后第二天一大早，他又到了那里，比谁都早。到了晚上，他想起来要去参加X勋爵的晚宴，于是又拼命地往那儿赶。“是什么让我们的戴维变得这么胖？”他的朋友们有时会彼此询问。“今天他又瘦了，您注意到了吗？”而下一次他来的时候，他们又这么说。“奇怪！瘦得这么快！”这个秘密很简单地就解开了。因为他总是匆匆忙忙，所以不得不在换衣服上争取时间。当他要从实验室去舞会的时候，他不会换衣服，而是把新衣服穿在旧衣服上。第二天，他又穿上一件新衬衫。这样一个接一个，攒了半打[1]。然后他抽出时间，一下把所有的衣服都脱下来，瞬间就瘦了。这种操作让他的朋友们都惊呆了。不过，这种说法可能只是流言蜚语而已……

发表贝克报告的日子终于到了。戴维开始演讲，讲述他最近所做的数不清的实验。最后，他向观众展示了这对双子金属。它们在水上一边奔跑着，一边嘶嘶作响，然后爆裂，迸发出一连串火花。大家都相信，这些在煤油中发出银色柔光的是真正的金属。皇家协会的成员们也深感震惊。各大报纸立刻开始报道戴维的新发现。“什么!”所有人都感到非常惊奇，“在普通的苏打和草木灰里，竟然发现了如此不可思议的金属！这些金属竟然比木头还轻，比蜡还软，比煤还易燃。这是怎么回事？要是这样，也许明天他们还会用电从鼻烟里发掘出黄金、钻石或其他什么东西吧！”

这一次，科学的强大展现得如此明显，而且令人信服。戴维不断受到热烈的祝贺，人们对其赞扬之声更是不绝于耳。

第9节 意外的休息

就在这时，戴维几乎为他的工作热情付出了生命的代价。在做报告之前的几天里，他就感到不舒服了。头经常疼得好像要炸开一样，双腿有时一点儿力气都没有。而且，常在最不应该觉得冷的地方，感到一阵让人难受的寒意。比如，在实验室热气

1 一打为12个，半打为6个。

腾腾的沙浴[1]里，或者在闷热的舞厅里，烛光昏暗，人们汗流浃背的时候，他却感到一阵阵发冷。他一直都很不舒服。他能感觉到，疾病在向自己靠近，但他咬牙强忍，继续工作。他担心地想："我会不会死得太早，来不及让世界知道我的发现？然后会有其他人——也许是一个外国人——站出来，说他把碱分解了。哦，不！只要我还没有完全失去理智，我的手还能拿得住钢笔，我就得把一切都写下来——事无巨细。我不一定要亲自去做报告，可以把报告写出来，请别人替我去宣读。"

但戴维还是自己去做了报告。演讲时，他因为生病而浑身发抖。两颊发红，两手颤抖。但他讲话一如既往。当戴维从讲坛上下来时，他已经精疲力竭了，但是看起来很开心。"您怎么了？"埃德蒙看见戴维好像都站不稳了，便问他道。"我好像得了伤寒，"戴维喃喃地说，"该死的监狱！"四天后，他终于倒下了。病来如山倒。高烧把他折磨得十分虚弱，神志不清，不停地胡言乱语。在那段日子里，他病得似乎已经毫无希望了。

皇家学院的领导们也都很沮丧。因为，那段日子，富有的"慈善家们"已经完全停止了为科学捐款，要知道几乎整个学院都靠戴维的讲座支撑着。这些讲座是学院的主要收入来源。"怎么样了？"每当医生从戴维的病房里出来，学院院长就低声问医生们，"戴维先生怎么样了？""糟透了！"医生们回答道。

伦敦各地都有人到这里来询问戴维的病情。他刚刚声名鹊起，家家户户以及各个俱乐部都在讨论他所发现的新金属那惊人的特性。然而，这位教授的新发现还没传开，另一个消息就来了。"您听说了吗？"伦敦的人们口耳相传，"戴维快死了！"公众蜂拥而至，要求得到确切的答案：戴维教授休息得怎么样？他的体温有多高？他在检查监狱时得了伤寒，这是真的吗？学院董事会不得不张贴一张特别公告，向民众

---

1 沙浴：化学实验中的一种加热方法。

通报他的状况。

戴维病了九个星期。他几乎一直在生与死之间徘徊，医生和朋友日夜轮流在他的床边值守。他们认为："戴维从来没有得过伤寒，他只是过度劳累，被大量的工作压垮了，所以一场轻微的感冒就让他一只脚踏进棺材里。"他最终还是活下来了。一月下旬，他开始好转了。但还是瘦得要命，而且非常虚弱，脸色苍白。暂时还不能想什么实验室。但为了不虚度光阴，他开始继续写之前未完成的那首诗。疾病并没有把他打倒，他还是那个充满热情、心灵手巧的戴维。

他继续在床上躺了一段时间。在他那可怜的公寓里，连个沙发或者舒服的椅子都没有，除了躺在床上，正在康复中的戴维甚至连个坐的地方都没有。唉，别以为这帮英国有钱人多么热切崇拜这位著名的科学家，虽然他们毫不吝惜地送给他最热情的掌声，在报纸上对他大加赞扬，可是买一个柔软的沙发可是要花钱的。可不是吗，木工的儿子没有沙发也能行。

戴维的朋友们为他奋力争取，终于让学院院长感到不好意思了。于是，院长花了三个半基尼不知道从什么地方淘了一张便宜沙发，然后隆重地摆到了戴维的房间里。但现在戴维已经不需要它了。

第10节 钙、镁及其他东西……

一个月过去，实验室里已经开始了新的电化学实验。戴维奋力追赶生病期间落下的东西。要知道，他说会让化学发生翻天覆地的变化，不是空口说的。除了苛性碱，还有许多可疑的元素。戴维要尝试对它们一个个地进行电解。

继苛性钾和苛性钠之后，就该研究那些被化学家们称为碱土的元素了，它们分别是石灰、苦土、重晶石、锶土。它们之所以被称为土，是因为地球的许多土层里都有它们。这些土不怕火，无论它们被煅烧多久，都不会熔化，也不会分解，不会发生丝毫改变。也不怕水，在水中也无法把它们溶解，或者说，至少是非常困难的。

然而，这些土在某些方面却与肥皂般的喜水苛性碱很相像。就跟碱一样，它们会心甘情愿地与酸化合，并发生“中和[1]”，变成无害的盐。如果这些土能在水中溶解一点，那么溶液就会把红色的石蕊变成蓝色，这正是碱的标志。这也就解释了为什么它们被称为碱土。

戴维成功地分解了苛性碱，并在它的成分中发现了新的金属之后，他几乎毫不怀疑，他能对碱土也做同样的实验并得到同样的结果。得到四个旧元素的可能性比较小，更大可能是得到四个新元素。现在只是时间问题了。如何分解这些土，方法似乎很清楚：只要用水把这些物质浸湿，然后给它们通上更强的电流。但事情并不像戴维所期望的那样顺利。的确，一些迹象曾表明，碱土是能够被分解的。比如，在送电的导线上出现了某种金属的痕迹，呈薄膜状。它们会在空气中变暗，并把氢从水中分离出来，就像钾和钠一样。然而，取得这种新物质很困难，每次得到的分量都太少，甚至都看不到。于是，戴维连续几个小时给这些土通电，但只得到了分量极少的几粒这种新金属。而且，这些还不是纯金属，而是与铁结合形成的铁合金。他花了很长时间做这些实验，最后甚至把那个巨大的电池组都搞坏了，但还是没有完全成功。然后，他们又建造了一个更强大的新电池——有500对电极板。但即使有了这么强大的电

---

1 中和，即酸和碱经过化学反应生成盐和水，所生成的物质失去酸和碱的性质。

流，还是没能成功。需要想想新方法了。

最后，一位名叫贝采利乌斯（Berzelius）的瑞典化学家为戴维指明了正确的道路。他给戴维写了一封信，详细说明了自己所使用的分解碱土的方法，并建议戴维也采用这种方法。贝采利乌斯把电流导向碱土使用的并不是铁丝，而是液体水银柱。过程是这样的：当金属在电流的作用下从碱土中被释放出来时，它立即会被溶解在汞里。这样，新金属与汞的合金就产生了。由于汞和水一样，在加热时会变成蒸汽。利用这个特点，很容易就可以把汞从合金中分离出去。那么，最终就会得到纯粹的新金属。

戴维立即听从了贝采利乌斯的建议。果然，他成功地从所有碱土中都提取到了新金属。他把从石灰中提炼出来的金属命名为“钙”（calcium），来自白垩的拉丁名称，因为石灰是煅烧白垩时产生的；他把从苦土中提炼出来的金属命名为“镁”（magnesium）；另外两种分别命名为“钡”（barium）和“锶”（strontium）。现在的名称也是如此。

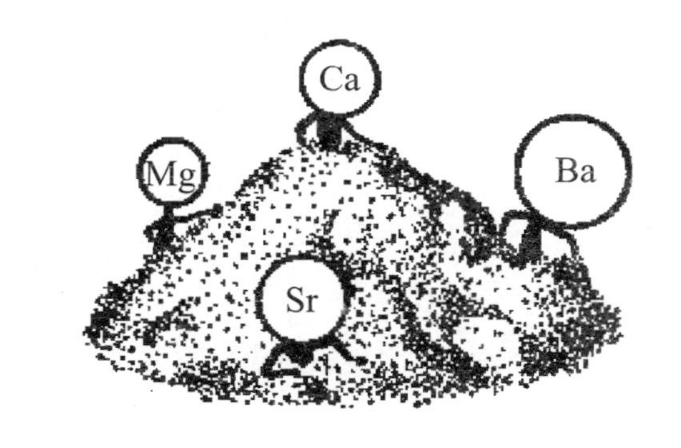

这些都是银色的轻金属。它们都会在空气中迅速变暗，可以将水分解，尽管它们的能量不如钾和钠的大。一般来说，就其性质而言，“碱土”金属位于活泼的轻金属钾和钠与不活泼的“旧”重金属铁、铜、汞之间。但即使听从了贝采利乌斯信中的建议之后，戴维也没有取得完全纯净的这些金属。对于其中每一个金属，本来还应该做更多研究工作，但他没有耐心了。他已经证明了碱土不是元素，而是复杂物质；证明了它们每一个都含有氧和一种金属。对这些新金属进行更加细致的研究，并搞清楚它们的性质，戴维现在并没有太大的兴趣。这些金属在钾和钠之后出现，已经不能引起他的好奇心了。

戴维开始尝试分解其他四种土，它们之前也被认为是不可分解的元素，但是得到的结果更没什么新鲜的。这四种土分别是黏土中的矾土、沙子中的硅石、土壤中的铍石和锆石，都是化学家不久前在稀有矿物中发现的。戴维研究了这些土一段时间后，虽然还没看到它们中包含的真正元素，但是他已给这些元素起了名字，然后就放弃了对它们的研究。一种土与另一种土相似，一个轻金属与另一个轻金属类似。这一切在他看来有点单调，现在他想要的是一些非凡的惊人发现。

随着做贝克报告日期的临近，戴维知道观众对他的演讲充满了期待。因此，他匆忙放弃了其他工作，有些甚至只做到一半，便开始着手做那些似乎能带来更引人注目成果的新工作，但他总是这些还没完成，就又开始了其他工作。他甚至试图分解那些毫无可疑之处的元素：硫、磷、碳、氮。戴维一心希望在这些元素中发现其他隐藏的物质，以至于在实验中，他认为他真的做到了。

1808年12月15日，在没有对自己的实验成果进行验证的情况下，戴维就带着第三个贝克报告来到了皇家协会，宣称自己已经成功地证明了硫、磷和碳是复合物。这个结论不仅令人难以置信，而且是错误的。说真的，戴维不该这么着急，应该稍微冷静一下，这样就会及时发现自己的错误，就不会否认硫、磷和碳是真正的元素了。

第11节 汉弗里·戴维“爵士”

戴维作为科学家的工作并没有因为这次失败而终结。那时，他才刚刚30岁，正是精力充沛、大有作为的时候。

在接下来的几年里，戴维又做了许多优秀的工作。他研究了18世纪舍勒所发现的氯的性质，并第一个证明了这种令人窒息的气体是一种不可分解的元素。他发明了一种安全的矿灯，带着它，矿工们可以大胆地深入地下，而不用担心井下瓦斯会因明火而爆炸。这盏灯直到今天还被称为戴维灯，拯救了上千名矿工的性命。但在他的化学研究生涯中，再也没有取得过像分解苛性碱那样辉煌的科学成果了。钾和钠的发现是他科学创造的巅峰。

后来几年，戴维仍然把他与生俱来的热情和无畏精神投入到实验中。他不止一次生命受到威胁，但都很幸运，最终化险为夷。只是有一次，他的手被熔化的钾碱烫伤，还有一只眼睛被爆炸炸伤。

但随着时间的推移，戴维开始变得更喜欢去做那些与科学无关的事情。也许，正是因为他与那些游手好闲的有钱人走得越来越近，他不再满足于皇家学院简陋的公寓，而教授工资似乎也太过微薄。戴维想要财富和地位。现在，他不喜欢提起自己的父亲只是一个普通的工匠，而他自己曾经是一个外省赤脚医生的学徒。

有一段时间，他甚至打算当医生来赚钱。戴维认为，以他的名声，应该不愁有钱的患者。他的教会朋友们又想把这位伟大的科学家拉拢到自己身边，希望他的口才能帮助他们去坑蒙那些容易上当受骗的人，于是他们用教会雇员的巨额收入来诱惑他。

但戴维最终找到了另一条出路：他娶了一个富有的贵族寡妇。婚礼前夕，在英格兰国王乔治三世生病期间代理政事的摄政王给了他一个贵族头衔。此后，戴维一直很骄傲地到处留名“汉弗里·戴维爵士”。

在他生活的那个世界里，最受重视的并不是天赋才能，也不是生产劳动，而是财富和出身。尽管戴维很聪明，但他无法冲破那个社会的偏见和评判标准的束缚。

03

天蓝色和红色的物质

导读

王凤文

世界上的元素一共有多少种？这个问题一直是困扰着所有化学家的“谜团”，从舍勒到拉瓦锡再到戴维，众多的科学家陆陆续续发现新元素，历经半个多世纪，随着碘和溴的发现，之后的几年里又得到了类似于钾和钠的金属锂，瑞典人贝采利乌斯接连发现了几种贵金属元素：“铱”“锇”“铑”和“钯”等。1844年，与白金相似的元素“钌”被发现。

在“钌”之后相当长的时间里，无论人们如何痴迷于元素研究，新的元素都不再露面，难道说再也找不到新元素了？但那些为元素发现而执着工作的人们并没有放弃研究！

如何突破元素发现的瓶颈期？小朋友们是否还记得，舍勒之所以要研究火，是因为用火加热、灼烧能够让很多的反应发生；拉瓦锡利用天平这一物理仪器揭示了燃烧本质，打败了“燃素”观点；戴维则是在伏特发明了“电”的基础上发现了十几种新的元素。半个世纪后的这一次，帮助化学家发现新元素的竟然是“光”。

在光的研究过程中，都有哪些主要人物和贡献呢？

罗蒙诺索夫——“俄罗斯科学之父”，通过焰火表演，找到火焰颜色和元素之间的联系，火的颜色谱线为后来的元素分析奠定了基础；艾萨克·牛顿——英国剑桥年轻的科学家，在闷热的房间玩“抓太阳光影儿”，他拿着玻璃棱镜，竟然把太阳的白光玩出了赤橙黄绿青蓝紫——光谱；夫琅和费——德国光学家，研究了各种灯的光谱，发现了“夫琅和费线”，遗憾的是无法做出合理解释。

化学家罗伯特·本生和物理学家古斯塔夫·基尔霍夫在前人研究的基础上，发现了一种研究化学物质的新方法——光谱分析法。他们借助“德拉蒙德之光”，在实验室里成功制造出并解释了“夫琅和费线”。光谱分析，不仅可以用于研究地球物质，也可以用于天体的研究。这是个超级大胆的想法，除了发现太阳大气层中的钠和铁外，基尔霍夫还在太阳中发现了大约30种不同的元素，包括铜、铅、锡、氢、钾及其他许多地球上也有的物质。这个新发现传遍了全世界，基尔霍夫和本生的名字同样“火”了。

当基尔霍夫专注于遥远的太阳大气时，本生继续寻找着新元素。他在灯焰和电火花中测试了数百种物质，分光镜每天不知疲倦地告诉他几十次：有钾、钙、钡、钠、锂……在众多熟悉的谱线中，矿泉水实验中两根毫不起眼的天蓝色光线引起了本生的注意。“锶”之后的“铯”被发现，然而要分离出“铯”的纯粹形态，却不是一件容易的事情。想一想通过蒸馏44 000升矿泉水提取7克纯铯盐是多大的工作量呀！随后一条特别明显的“深红色线”提示本生还有一个新元素藏在矿泉水里！本生将它命名为“铷”，拉丁语意思是“深红色”。在本生处理的这些矿泉水中，提取到多达10克的铯盐。

“锂钠钾铷铯”，形成的氢氧化物都是强碱，在中学化学中统称为“碱金属元素”。这五种金属性质非常相近，都是银白色、有金属光泽的固体。密度都比较小，属于轻金属，质地比较软。化学性质比较活泼，很容易和氧气、水等发生剧烈反应，通常保存在纯煤油中（因为锂的密度比煤油的还小，要用石蜡密封保存）。“（铍）镁钙锶钡”属于碱土金属元素，它们的单质性质也很相似，都是比较活泼的金属。

基尔霍夫和本生发明的光谱分析法，为元素分析做出了巨大贡献，后人又从特殊的淤泥光谱中找到了“铊”，从锌矿石的光谱中发现了“铟”，天文学家在太阳的光谱中发现了稀有气体元素“氦”，其被称为“太阳元素”。

让我们一起了解一下，发明了“本生灯”，练就了“耐火手”的“玩火者”本生，和性格迥异的密友——基尔霍夫伟大发现背后的故事吧！

第1节 五十七个，多一个也没有

1789年，当拉瓦锡试图列出世界上存在的所有元素时，他只数出了33种。但实际上，其中只有24种是真正的元素。其余9种物质，要么根本不存在，要么，之所以被拉瓦锡归入元素中，只是因为在他那个时代人们还不知道如何把这些物质分解。40年过去了，在戴维去世的那一年，化学家们已经清楚地知道了53种不同元素的存在。戴维本人发现并指明了至少十几种新元素的发现方法，其余的则由不同国家的科学家发现。

19世纪初，巴黎住着一名叫库尔图瓦（Courtois）的人。当拿破仑战争[1]在欧洲爆发，制造黑火药的硝石需求量增加时，库尔图瓦在巴黎附近建造了一个硝石工厂，生意做得还不错。但他很快就发现，不知怎么的，准备硝石的铜槽很快就被腐蚀透了。库尔图瓦开始寻找原因，然后在碱中发现了一种未知的腐蚀性物质。在纯净状态下，它是固态晶体，散发着黑色的金属光泽。这些晶体有一个不寻常的特性：当遇热时，它们会立即变成紫色蒸气，而不会熔化。库尔图瓦把他所发现的物质交给了自己的熟人克莱曼（Kleiman）教授。后者又把它展示给了法国最伟大的化学家**盖-吕萨克**（Gay-Lussac）。当戴维在

盖-吕萨克（1778—1832，约瑟夫·路易·盖-吕萨克），首先发现了气体化合体积定律，又发明了碱金属钾、钠等的新制备方法，继而发现了硼、碘等新元素，在化学上取得了巨大成就。

1 拿破仑战争，是指1803—1815年爆发的各场战争。

1813年访问巴黎时，他也得到了一块这种能释放出紫色蒸气的物质。于是一种新的元素被发现了，那就是“碘”（iodine）。

这就是我们现在用来对创口消毒时使用的碘。但我们使用的并不是固态碘，而是它的酒精溶液。发现碘几年之后，又有一种类似于钾和钠的金属从稀有矿物中被提取出来。它非常轻，只比那些最轻的木头重一点点。如果这种金属不是像钾和钠那样能与水剧烈化合的话，它就可以用来制造救生圈了。这就是碱金属中的第三个，被称为锂。

很快，他们就为碘找到了合适的“配对”。1826年，法国人巴拉尔在一个盐沼里发现了一种未知的物质。在许多方面，它都与碘很像，但却不是碘。当这种新物质被分离出来时，它是一种浓重的红色液体，散发着令人窒息的气味。这种元素被命名为“溴”（bromine）。熟悉摄影的人都知道，现在摄影所用的底片、纸张和胶卷都涂满了溴银化合物。而溴钠化合物是一种治疗失眠的药物，各地药店都有售卖。

瑞典人贝采利乌斯也发现了好几个新元素，就是那位在1808年帮助戴维分解了重晶石和石灰的化学家。一连好几个元素都是在贵金属中发现的。以前大家只知道三种贵金属：银、金、白金，在19世纪初，白金的另外四个“孪生兄弟”——被发现，分别是“铱”（iridium）、“锇”（osmium）、“铑”（rhodium）和“钯”（palladium）。但事情不仅是这样。戴维去世15年后，即1844年，俄国喀山大学教授克劳斯（Klaus）在乌拉尔[1]白金矿石中发现了另一种与白金相似的元素，他称其为“钌”（ruthenium）。算起来，这已经是被发现的第57个元素了。这之后，就一直平平静静，哪儿都没再发现新元素。

1 乌拉尔，指俄罗斯乌拉尔山脉中、南段及其附近一带地区。

在19世纪第二个二十五年里，工业开始迅速发展。欧洲和美洲都出现了早期的铁路，海上也出现了轮船。为了寻找工业原料、矿石、煤炭和其他矿藏，人们甚至走到了地球上最遥远的角落。他们收集了大量的矿物和岩石。在工厂和实验室里，成千上万种物质经由化学家的手得到了最精细的分析。然而对于新元素的探索却一无所获，除了已知的57个以外，再也找不到新的了。也许，地球上所有的元素都已经被发现了，继续寻找没有意义了？不，寻找元素的人并没有就此止步。他们认为："到目前为止，我们研究的元素，似乎只是那些到处都大量存在的，那些很容易与其他元素分离开的。但我们知道，所有已知的元素在地球上分布得非常不均匀。例如，铁在世界各地都很丰富，铜要少得多，银还要更少，金则完全只有极少的一点，而全世界的钌可能不会超过几十吨。为什么不会存在更稀有的元素，零星散布在某个地方呢？应该试着追踪并找出它们。"于是，这种搜索一直在持续，但还是什么都没找到。不管是在澳大利亚，在格陵兰岛，还是在巴黎附近，在维苏威火山[1]上，都发现过各种各样的岩石，但它们都是由已知的元素组成的，而新元素还是没有人发现过。

其实，现在寻找某种物质比舍勒和拉瓦锡那个时代容易多了。化学分析这门艺术一年比一年进步。化学家们不仅学会了确定某一特定岩石或黏土中含有哪些元素，还可以非常精确地指出，其中含有多少这种元素以及多少另一种元素。

有经验的化学家，甚至可以用一克物质做数十次实验，观察几十种化学变化。物质被溶解、蒸发、冲洗、过滤、燃烧，用酸碱处理、在火上加热、在冰里冷却、在研

---

1 维苏威火山，欧洲大陆上的活火山，位于意大利南部那不勒斯湾东海岸。

钵里研磨，却没有一点损失。他们制造了复杂的天平来做分析，这些天平非常灵敏，甚至放上1/1 000克的物质，都能精确地称出来。人们学会了在实验室里进行超级精密的工作。即使如此，仍然没有一个化学家找到新元素。

最后，物理学再次帮助了化学，就像物理学家伏特的发现帮助了化学家戴维一样。那时候，他们利用电发现了新的化学元素。半个世纪后的这一次，帮助化学家发现新元素的是光。化学家**罗伯特·本生**和物理学家**古斯塔夫·基尔霍夫**两个伙伴把他们的知识和技术结合起来，这样才有了真正了不起的发现。

罗伯特·本生（1811—1899），德国化学家。

古斯塔夫·基尔霍夫（1822—1887），德国物理学家。

第2节 罗伯特·本生和古斯塔夫·基尔霍夫

罗伯特·威廉·本生的日子过得平稳，有规律，按部就班，就像一台古老的时钟一样。他从来不知贫寒困苦，也不追求财富地位。他的爱好既不是名利，也不是艺术。他只知道研究自己的科学，仅此而已。他不是像舍勒或戴维那样自学成才的。本生的父母积极地让自己的儿子接受良好的教育，而他童年和青年时代的成长环境也都促使他去追求科学。他出生在德国的哥廷根[1]，那是个以大学闻名于世的城市。这个

1 哥廷根（Gottingen），德国城市，以哥廷根大学闻名于世。

小城靠科学为生，以科学吃饭，就像港口小镇以大海为生、度假村靠游人生存一样。罗伯特·本生的父亲是哥廷根大学的教授，一位杰出教授的天才儿子最终也成为科学家，这并不难理解。

1828年，17岁的罗伯特从中学毕业后，立即进入大学学习。三年后，他成了一名科学博士。然后，他动身去欧洲旅行。在一年半的时间里，本生坐着马车，从一个城市走到另一个城市，从一个国家走到另一个国家。他参观了钢铁厂、化工厂、糖厂和其他各种工厂。他甚至下到煤矿里，爬到雪山上。在这期间，他结识了德国、法国、瑞士和奥地利的多位知名化学家。在法国的圣埃蒂安，本生有生以来第一次看到了这样一个有趣的新事物——蒸汽火车，人们可以不用骑马，而直接乘坐它出行。回到他的家乡哥廷根之后，这位年轻的博士并没有过多考虑，就走上了教授父亲的老路：他进入了一所大学，成为一名副教授，并开始在化学专业任教。

那是在1834年。从那时起，伴他一生的生活模式就形成了：讲课，去实验室，再讲课，再去实验室。他25岁时的日子和50岁时的日子一样，而50岁时的日子和70岁时的日子也一样。早晨，天一亮，他就坐到桌子旁——写字，做计算，检查自己的工作成果。然后去上课。下了课，从那里再去实验室，直到吃午饭。饭后，和朋友一起去散散步，然后又去实验室。然而，偶尔也会发生一些事儿，让本生心烦意乱。倒不是什么重病，因为本生直到晚年才开始生病。也不是失恋，因为他一直都没有爱过谁。更不是家庭的不幸，因为他一辈子都是个单身汉。也不是政治事件，因为他回避政治和社会生活。在每一位勇敢的化学家的工作中，几乎都不可避免地伴随着爆炸和中毒的发生，而这成为本生一辈子唯一的变故。

本生第一次作为一名杰出的科学家为人所知，是凭借自己在化合物“二甲胂基”方面的研究。在最初的实验期间，实验室发生了爆炸，他失去了一只眼睛，而且几乎被有毒蒸气毒死。本生也是一位出色的化学分析大师。他不断地想出越来越多的巧妙方法，尽可能快速、准确地弄清各种物质的成分。常有年轻的化学家和学生们从世界各地赶来，向他学习这门精妙的艺术。然而，他的学术著作并不只限于化学分析。他还有许多重大发现，也发明了很多珍贵的仪器。然而，正如本生的一位朋友所说，他最大的发现，是“发现”了古斯塔夫·基尔霍夫。

本生是在布雷斯劳[1]“发现”基尔霍夫的，也就是认识了他。1851年，本生受邀在那里担任化学教授。他们结识之后，马上就成了很好的朋友。基尔霍夫就像本生一样，也是过着平静、规律的“教授”生活。而且，他的天赋不亚于本生，只是他的才能不在化学上，而是物理和数学。从外表来看，他们两个就像白昼和黑夜一样差异巨大。当这两个朋友沿着布雷斯劳的街道散步时，路人总是惊讶地看着他们。这是多么“不相称”的一对啊！想象一下，一个高大宽肩的男人嘴里叼着一支雪茄，头上戴着一顶高高的礼帽，几乎可以挨到二楼窗子，这是本生。而在他旁边一起走着的小个子，走路不停地甩着胳膊，这是基尔霍夫。本生话不多，而基尔霍夫总是说个没完。小的时候，他就特别能说，他母亲有时候都不得不提醒他：“尤利娅，闭嘴……安静点，尤利娅。”他的妈妈给他起了个昵称，叫“尤利娅”，是个女孩名字，因为他就像个小女孩一样瘦瘦弱弱的。基尔霍夫精通文艺，喜欢朗诵，并且一度对戏剧产生了浓厚的兴趣。但这并不妨碍他和本生的友情。虽然本生除了自己的科学什么都不想了解，而且也不可能从他那憋屈的单身公寓里离开，去娱乐场所消遣。

自打相识之后，过了一年半，他们就不得不分开了。本生被邀请到了德国最好、最古老的大学之一——海德堡大学[2]去任教。他离开那里以后，非常想念基尔霍夫。

---

1 即现在的波兰城市弗罗茨瓦夫。

2 海德堡大学，欧洲最古老的教育机构之一，位于德国著名旅游文化之都海德堡市。

而基尔霍夫也思念着本生。最后，本生想方设法把他的朋友也转到了海德堡大学。从此之后，这两位科学家形影不离。他们两个几乎每天都在海德堡的丘陵上散步，两人一起，或者加上几位当地的教授。在散步时，基尔霍夫和本生总会详细地向对方讲述自己的实验和科学工作。没过多久，他们就迎来了携手合作共同做研究的机会。

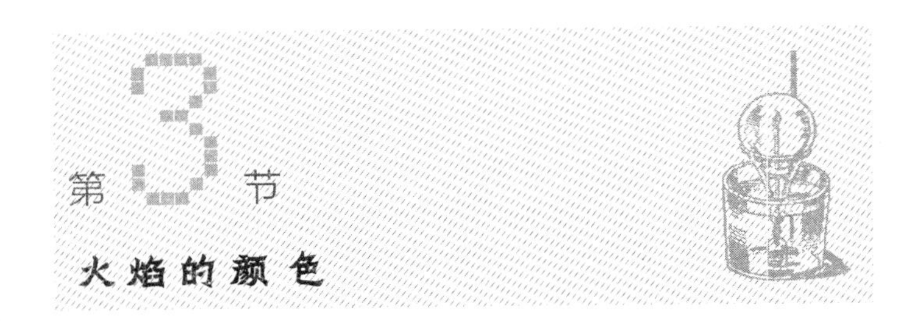

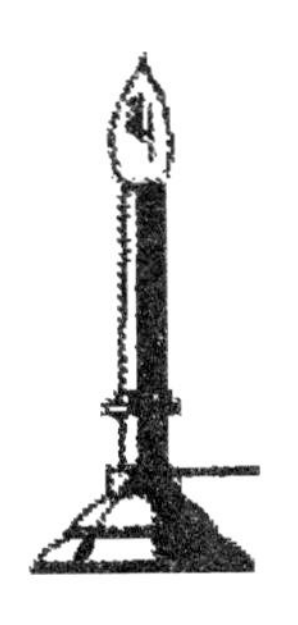

1854年，海德堡建了一个煤气厂，本生的实验室里通了煤气。本来应该购置一个煤气灯的，但是，他试了不同结构的煤气灯，却没有一个能让他满意。于是，他自己动手，发明了一个非常棒的新式煤气灯。本生的灯不会冒黑烟，而且可以随心所欲地调节。它的火焰有时候非常热、非常干净而且没有颜色，有时候可以不那么热，但火焰更大。也可以按照自己的意愿只保留一个小火舌，但不管怎样，它都不会熄灭。这种灯出奇的简单方便，至今，世界上所有的实验室都还在使用它。它被称为本生灯。

本生很喜欢摆弄火。他很擅长用烧熔的玻璃吹制各种化学仪器，有时甚至会在桌子边一连坐几个小时，用风箱拉着风，吹那个焊接用的火。他那双宽大的手，灵巧地转动着熊熊火焰中的玻璃。他痴迷地吹着烧熔的玻璃团，把它塑造成各种奇特的形状。他把金属焊在玻璃里面，把一根管子焊到另一根管子上，把一个器具焊在另一个上，常常是不假思索就徒手去抓那些烧熔的玻璃，好像他的手不像其他人那样是皮肉做成的，而是用耐热的钢制成的。教授坐下开始摆弄焊接管的时候，学生们总会提醒他说："危险！"事实上，经常是这样：本生的手指开始冒烟，而他却像什么都没发生一样，仍然拿着那块烧红的玻璃。只有当他感觉疼痛实在已经无法忍受的时候，他才会把他烫疼的手指放下来，用本生特有的方式降降温止止痛：快速地把它们放到右边耳朵上，然后紧紧地捏捏耳垂。于是，他的一双"耐火"手名扬整个大学。当本生焊接和吹制玻璃的时候，他不由得注意到，火焰的颜色时常发生变化。当他开始用自己的煤气灯时，这一点尤其明显。

通常，他的煤气灯发出的是微微带点儿浅蓝色的炽热火焰。但只要把玻璃管放进里面，火焰就会变成淡黄色。如果火焰落到灯体里面，里面的铜丝就会被烧得炽热，火焰变成绿色。而如果放一小块钾盐，它就变成淡紫色。本生曾经试着用白金丝往火焰里注入各种各样的物质。那么发生了什么呢？无色火焰竟然被染成了像彩灯一样华丽的色彩。加入锶盐，发出的是明亮的紫红色火焰，而钙——是砖红色的，钡——绿色的，钠——亮黄色的等。本生知道，一些化学家很久以前就试图通过火焰的颜色来识别物质的成分，但都不是很成功，因为他们只有酒精灯，而酒精灯的火焰有自己的颜色。但是，本生灯是无色火焰，一切都能看得清清楚楚。"这太好了，"本生想，"只要几秒钟，就能知道任何物质的成分！"作为一名化学分析家，本生很清楚简单的化学分析有多麻烦。要弄清某种物质是由哪些元素组成的，需要花几个小时，有时甚至几天的时间。而现在，一切似乎都变得很简单——只需要把一粒物质放进这个灯的火焰里，就能立刻知道它是由什么组成的。事情好像就是这样，但又不完全如此。

比如说，如果这种物质只含有钾或锶，没有杂质，那还好。那样，火焰就呈现出一种很明显的纯净淡紫色或紫红色。如果需要分析的物质包含好几种元素，现实中似乎总是这样，那么，即使在本生灯的纯净火焰中，也很难研究出什么东西来。这是因为一种颜色会盖过另一种颜色。

本生试图用各种各样的技巧来区分每一种颜色。他曾经试着透过蓝色的玻璃观察火焰。结果，他有时能够在火焰中分辨出钾的淡紫色或锂的红色，尽管在肉眼看来，那似乎只是钠的黄色。因为透过蓝色的玻璃看不到黄色，所以淡紫色就变得很明显。但这些都不可靠，100次中只有1次能够用这样的方式确定。

在一次散步中，本生向基尔霍夫讲述了他的实验情况。“作为一个物理学家，如果我是你，我会用另一种方法，”基尔霍夫说，“我认为，不应该直接观察火焰，而是要看火焰的光谱。这样，所有的颜色都会变得清晰得多。”本生非常喜欢这个主意。他们决定立刻一起着手做这个实验。这次谈话是在1859年初秋进行的，它对科学产生了极其重要的影响。但是，在谈论这些影响之前，我们需要更详细地了解一下俄国科学家米哈伊尔·罗蒙诺索夫曾经研究过的彩虹的颜色特性。

第4节 焰火和俄罗斯科学之父

那是一个凉爽的圣彼得堡[1]夏天。18世纪中叶，**伊丽莎白·彼得罗芙娜**在位期间

1 俄罗斯城市，1712—1918年的200多年时间里，曾是俄罗斯文化、政治、经济中心。

伊丽莎白·彼得罗芙娜（1709—1762），史称伊丽莎白一世，是俄罗斯罗曼诺夫王朝第十位沙皇，俄罗斯帝国第六位皇帝。

的一天，在涅瓦河[1]岸边，科学院大楼的对面，每天锤子敲打不停，锯子声和刨子声阵阵。木匠们砍伐树木，锯成木料，用木板制成一个巨大的木筏。木筏上固定着高架、轮盘、梯子、脚手架等东西，上面还装饰着花环、灯笼、木偶。有些木偶和真人一样大小，还有一些木偶则非常高大，就像神话世界巨人国里的居民一样。锦缎、绸缎、天鹅绒的窗帘和布景描绘了绿色的森林、山坡、庄稼成熟的田野及白云朵朵的天空。到了下午，大批的人群涌向涅瓦河畔。傍晚，木筏下水了。夜幕降临，涅瓦河中央的木筏上开始了一场盛大的奇幻表演。五彩缤纷的焰火层层叠叠地冲入空中。无数的花样让观众眼花缭乱，惊呼不已。在木筏舞台的中央，通常有一个巨大的“中国转盘”，就像一个大大的旋转太阳，喷射出五颜六色的火花。一个高挑的女神站在转盘形成的光圈中，女神的脚边放着一些小木偶仙女。木筏的边缘，绿色和紫色的火花喷涌，高高地射向天空。

人群中，除了掌握着彩色烟火秘密的魔术师和工匠外，还经常有一个人，对他来说，这场魔法盛事更是没有任何秘密。这个人肩膀宽阔，身材高大，头上戴着假发，穿着金绣缎面坎肩、天鹅绒及膝短裤、长筒袜和带扣的鞋子。他动作有些笨拙，讲话响亮甚至时而尖锐，气质有些特别，这让他在那群宫廷贵族中显得有些不一样。他的聪明才智和固执的性格，不仅让他在节日的人群中，甚至在整个伊丽莎白时代的俄罗斯，都显得与众不同。这个穿着坎肩、戴着假发的宽肩体阔大个子就是“俄罗斯科学之父”，也是一个普通渔夫的儿子，名叫米哈伊尔·瓦西里耶维奇·罗蒙诺索夫。

罗蒙诺索夫并不是一个普通的观众。他遵照伊丽莎白的命令，负责为节日编排节目，编写寓言故事情节，为布景画素描草稿，甚至还写献礼诗。罗蒙诺索夫教烟火技

1 涅瓦河，由拉多加湖注入芬兰湾，是欧洲水量第三大的河流，流经圣彼得堡。

师给焰火增添新的色彩，让爆竹爆炸得更加猛烈，让火光喷射得更猛、更高。大多数时候，罗莫诺索夫完成了节日准备工作之后，就会回到他的实验室。实验室位于涅瓦河附近。这是俄国的第一个化学实验室，设在科学院后院的“植物园”里。罗蒙诺索夫摘下假发，脱掉坎肩，按照上学时的习惯，把一支笔别到耳朵后面，往摆满玻璃瓶瓶罐罐的桌子旁一坐。

在科学院的报告中，经常把罗蒙诺索夫缺席庆祝活动和学院会议说成是“在实验室里忙得不可开交”。实验室不大。长六俄丈半[1]，宽五俄丈。设备很简单。在第一个大房间里，有一个带罩子和烟囱管的炉子，有害气体就是通过烟囱排出去的。另一个较小的房间是罗蒙诺索夫讲课的地方。第三个房间里放着化学药品和仪器设备。桌上摆放着一架木制的天平和一本化学日志，罗蒙诺索夫用生动、准确的语言在上边记录着自己的想法。

在这些记录中，你可以读到这样的话：“当把几种物质混合在一起时，会有不同的颜色产生……可以用敏锐的光学仪器来分辨出它们。”这些话是什么意思？仔细想想，你就会明白，罗蒙诺索夫是第一个猜出物质的性质与燃烧物火焰颜色之间具有神秘联系的科学家。在罗蒙诺索夫写下这篇文章的时候，人们还在试图用最混乱且互相矛盾的理论来解释物质的结构。燃素学说仍然牢固地占主导地位，而罗蒙诺索夫已经猜出了这个学说的错误本质。早在拉瓦锡之前，罗蒙诺索夫就用桌子上的那架天平，通过铁渣实验，确定了物质守恒定律。

在罗蒙诺索夫生活的年代，还没有发现任何元素。但那时，罗蒙诺索夫就已经猜到了物质是怎样构成的。“朱砂里有水银，”他在笔记中写道，“但透过最好的显微镜都看不到朱砂里的水银。因此，只有通过化学才能了解水银的性质。首先揭开自然

---

1 1俄丈=2.134米。

殿堂内部结构神秘面纱的一定会是化学。”火焰像烟花一样，突然闪亮又慢慢熄灭。怎么抓住它的踪迹呢？有些物质，即使放到当时温度最高的炉子里，甚至都不能熔化，那么怎么把它点燃呢？又怎么找到火焰颜色和元素之间的联系呢？

如果列出罗蒙诺索夫缺少的一些东西，你就会发现，他的洞察力太让人惊奇了。他没有用于捕捉物质燃烧时火焰痕迹的照片、没有熔化物体的电弧、没有分光镜。罗蒙诺索夫用天上的彩虹替代分光镜，用太阳日珥替代电弧。在科学书籍、颂歌和诗歌书信中散布的想法表明，罗蒙诺索夫已经猜想到，火的颜色——后来称为谱线——是特定元素和单质所固有的。罗蒙诺索夫的洞察力真是非常厉害！

第5节 艾萨克·牛顿为什么要抓太阳光影

那是在1666年。在安静的英国城市剑桥，年轻的科学家**艾萨克·牛顿**连续几天都在做一项非常奇怪的活动。他在抓太阳光影儿。牛顿一个人在黑暗的房间里坐了好几个小时，一边摸索着，摆弄着什么东西，一边喃喃自语。也许他只是在逃避炎热，在黑暗中寻找凉爽？未必！他小心翼翼地把所有的缝隙都遮住了，房间里闷热得像个桑拿房。他头上戴着一项当时流行的厚重假发，热得满头大汗，而屋外则吹着清爽的微风。那他为什么坐在这么闷热的地方？原来，他在一张纸上捕捉到了太阳光影儿……

> 艾萨克·牛顿（1643—1727），英国著名的物理学家，百科全书式的“全才”。

他用密密麻麻的百叶窗把窗户封上，在其中一扇窗上打了一个豆大的小圆孔。一束狭长的阳光透过这个洞口射入黑暗中。牛顿在房间里静静地走着，把自己的手掌和纸放在光线下面，或者让光线照得更远，直到墙上。一个明亮的光斑从手掌跳到墙上，从墙上跳到纸上，从纸上又跳到牛顿黑色的长衫上。难道这种幼稚的玩意能给一个年轻的学者带来乐趣吗？当然不是。牛顿并不是在玩乐，他在做正经事，做一个实验。

他手里拿着一个三角形的玻璃棱镜，就是有三个光滑面的普通玻璃。牛顿不时地把这个玻璃插入光线束中。只要玻璃棱镜截住光线的路径，墙上的白色圆形光斑就消失了，取而代之的是一条长长的多彩条纹。

“白光到哪里去了？”当牛顿第一次注意到这种莫名其妙的变化时，他不禁困惑地问自己。牛顿用一只手拿着三棱镜，另一只手捕捉光线。他摆动着手指，挥动着手臂。手指会被染上红色、黄色、绿色、蓝色、紫色等，然而，他在任何地方都找不到白光。牛顿一次又一次地重复这个实验。每一次都是同样的情况：到达三棱镜前，太阳的光线通常是普通的白光，从三棱镜里穿过后，它们变成了彩虹一样的颜色。牛顿只要把三棱镜取下来，墙上就又出现那个跟百叶窗上的洞一样的白色光斑。但是，当他把三棱镜放在光线的路径上时，墙上就出现了一个长长的彩色光点或光带。牛顿把这种彩色的光带称为光谱。

光谱的最上面一条一直是红色的。红色慢慢地变成橙色，橙色变成黄色，黄色变成绿色，绿色变成青色。最下面的光谱是蓝色和紫色。牛顿绞尽脑汁想弄清楚，是什么产生了光谱。只要太阳一出现在天空中，他就关上百叶窗，开始捕捉五颜六色的光线。直到傍晚，他才从这种自愿禁闭中走出来，虽然被外面的强光照得直眯眼，但眼睛里仍然闪耀着绚丽的光谱。他日日夜夜地思考这个问题，最后终于想通了。

牛顿想到，太阳发出的光根本不是白色的，它只是在我们看来是白色的。事实上，从天空中射出的是最明亮的五颜六色的光线。当它们在一起的时候，我们的眼睛不能把它们识别出来，而是把它们当作白光。但是，当这些光线通过三棱镜时，三棱镜会让它们分开，这样，我们就可以看到每一种颜色。每一束光线都产生了一个小圆光斑，与百叶窗孔洞一样。红色的光斑在最上面，因为红色的光线是棱镜最不能偏转的。紫色在最底层，因为三棱镜把紫色的光线折射得最远。其他所有的光线都在红色和紫色之间。彩色光斑的边缘彼此相接。所以，在墙上出现的，不是跟百叶窗上孔洞一样的白色圆形，而是一个拉长的彩色光带——光谱。

牛顿的解释乍看起来可能非常奇怪。很难想象，白色的光实际上不是白色的，也很难想象，我们头顶上的不是明亮的白色太阳，而是同时散发着红、黄、绿、紫等各色光芒的太阳，多么令人惊奇啊。然而不管怎样，这种奇怪的说法是正确的。还记得吗，透明的露珠或雨滴，在阳光下闪烁的是五彩缤纷的颜色。

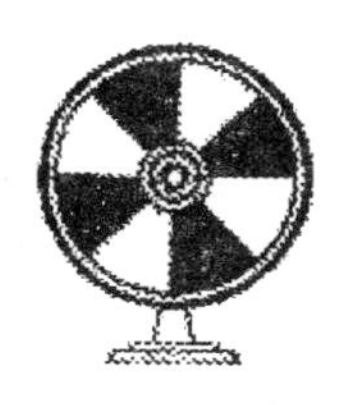

牛顿在他的暗室里做了几十次实验，才决定宣布，太阳的白光是各色光线的混合光。他提供的证明非常清楚，很难反驳。牛顿不仅分解了白色混合光，他还做了完全相反的事情：用另一个棱镜把不同颜色的彩色光束重新组合在一起，然后它们又变成白色了。他还想出了这样一个实验：做一个木制圆环，分别画上太阳光谱的所有颜色，然后让它绕中心轴快速旋转，这样，旋转的圆环看起来几乎就是白色的。

但实际上，圆环完全是彩色的，甚至没有一个白色的斑点。

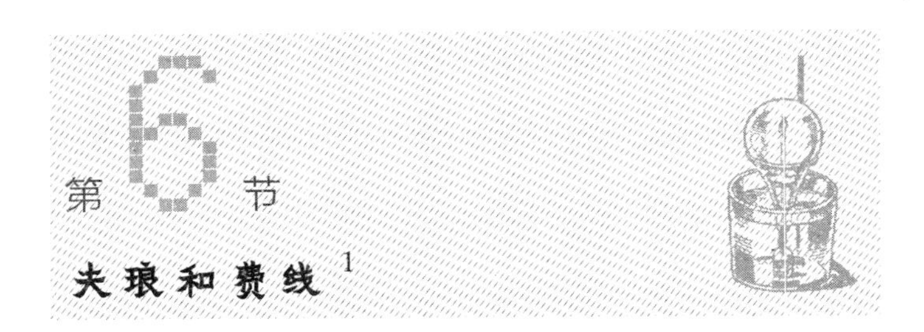

夫琅和费线[1]

读者会问："但这与太阳有什么关系？现在谈论的是关于本生灯的火焰和化学物质分析。为什么突然想到太阳和它的光谱了呢？"一会儿你就会明白了。牛顿做了什么？他在黑暗的房间里发现，阳光并不是单一的物质，它是由各种颜色的光线组成的，由于三棱镜的作用，所有这些光线都不同程度地偏离了原来的直线路径。那么其他的光呢？阳光以外的人造光，它也不是单一的物质吗？例如，酒精灯或蜡烛的光，也是由不同颜色的光束组成的吗？的确，人造灯的光也可以分解成单独的颜色。

1814年，德国光学家夫琅和费研究了各种灯的光谱，他一直在努力寻找一种只产生单色光线的光源。因为他需要一种单色光来测试他为光学仪器制造的高质凸透镜的质量。夫琅和费没有得到纯色火焰，但他发现了其他有趣的东西。他也像牛顿一样爬进黑暗的房间，但外边的光线不是从一个圆孔进来的，而是从窗户或门的一个非常窄的缝隙进来的。他把灯放在外面的缝隙前面，然后在三棱镜后面安装一个望远镜，在里面捕捉光谱。望远镜质量很好，三棱镜是用特殊的玻璃制成的，可以把五颜六色的光线折射向四面八方，范围很广。所以，他得到的光谱很长、很纯净、很清晰，就像一条长长的彩色光带。

第一次，夫琅和费放在缝隙前的是油灯。他往望远镜里一看，只看到，在五颜六

1 夫琅和费线，太阳光谱中的吸收线。这些谱线是处于温度较低的太阳大气中的原子对更加炽热的内核发射的连续光谱进行选择吸收的结果。夫琅和费（1787—1862），德国物理学家。

色的光谱带上，并排着两条非常明亮的黄色光线，正好和狭缝一样大。他向下转了转镜筒里的镜片，又看了一遍——黄线还在原地。夫琅和费意识到，在从灯里射出的所有光线中，有两条特别明亮，虽然夹在其他线中间，却不会被淹没，而是形成了两条单独的清晰缝隙映象。

当夫琅和费把缝隙前的油灯换成酒精灯时，黄色的线条又出现在望远镜的视野里。然后他换成了蜡烛，黄线还是很突出。它们总是出现在同一个地方，当然，除了望远镜和三棱镜移动或光谱的长度改变。夫琅和费开始在太阳光谱中寻找这两条黄线，但它们不在其中。然而，他发现了另一样东西：在整个长长的明亮的五颜六色的太阳光谱带中，穿插着许多暗色的线条。夫琅和费数了数，大概超过五百条。所有这些暗色的线条，细细的，像缝隙一样大，总是在同一个地方。有的颜色稍暗一些，有的颜色稍浅一些，有的看起来特别清晰，而在明亮的光谱背景下似乎完全是黑色的。他用字母标出了这些最明显的暗线：A、B、C、D等。“这是什么？”夫琅和费一边看着那些暗色细线，一边想，“好像太阳光里少了一些颜色！”

他仔细地观察那些暗线，然后更加惊讶地发现，最暗的双线D正好位于蜡烛和灯的光谱中能看到亮黄色线的地方。白天，他会让太阳的光线射进缝隙，在彩色光谱带的某个地方就会有两条暗线出现。晚上，他会在缝隙前放一盏灯或一支蜡烛，在光谱的同一个地方则会出现一对明亮的黄线。两对光线完全重合。换句话说，那些人造灯照出的最明亮光线，恰恰在阳光中并不存在。这个现象太奇怪，太令人费解了！

自夫琅和费之后，许多科学家也研究了各种光源的光谱。他们尝试过让硬脂蜡烛光、电火花光、电弧光通过三棱镜。在它们的光谱中，几乎总是发现明亮的黄线，当然，通常还有其他明亮的谱线。在太阳光谱中，人们还发现了更多新的暗线，他们称这些暗线为“夫琅和费线”，直到现在依然如此。但是，当时没有人能解释清楚，是什么导致灯和电弧的光谱中出现这些彩色谱线，而为什么太阳的光谱中会出现暗线。

曾经有一些科学家已经接近谜底，但最后还是没能完全解开这个谜团。而基尔霍夫和本生做到了。

第7节 光谱分析

基尔霍夫和本生这对伙伴开始自己制造分光镜，即用来观察光谱的仪器。一天，基尔霍夫带着一个雪茄盒和两个旧望远镜筒来到本生的实验室。他们用这些简单的东西制造了分光镜。光线从其中一个望远镜筒开的狭缝射入。不难猜出，准直器[1]的作用就和牛顿暗室里的开孔百叶窗是一样的。光线从准直器射向一个用雪茄盒遮住的三棱镜。为了不让外面的光线进入，基尔霍夫在盒子里边贴上了黑纸。

三棱镜把从缝隙里射出的光线偏转到一边，这样就得到了光谱。基尔霍夫和本生通过第二个望远镜筒观察到了光谱，就像夫琅和费当时所做的那样。当然，基尔霍夫作为物理学家对分光镜的设计制造贡献最多。但本生也没有白白浪费时间，他准备了最纯净的物质，用于在火焰中进行研究。他把各种各样的盐溶解，从溶液中分离出晶体，然后把它们过滤，冲洗，再溶解，如此反复多次，直到得到极其纯净的物质。

事实上，这是一项艰苦而乏味的工作，但本生从小就学会了在科学工作中忍耐和坚持。两个老伙计密切配合，追求仔细、精准，考虑周到、全面。所以，他们的工作

---

1 带狭缝的望远镜筒被称为准直器。

很快就取得了成果。

为了测试仪器，基尔霍夫首先利用镜子把一束明亮的阳光射入缝隙中。他往望远镜筒里看去，赞叹道：多么绚丽的彩色光谱啊，穿插着多条暗黑色的夫琅和费线条。然后，基尔霍夫用窗帘遮住窗户，在准直器的缝隙旁放了一个点燃的本生灯。现在分光镜里一片漆黑。基尔霍夫看向望远镜筒，只能看到一点儿微微可见的光芒。本生灯紧贴着准直器的狭缝，发出的火焰比熔化的钢铁还要炽热。然而，这火焰的光几乎没有光谱，它非常苍白，而且没有颜色。

当本生开始将各种物质注入灯焰时，情况发生了巨大的变化。首先，他注入的是一种纯食盐，化学家称之为氯化钠，因为它是由氯和钠化合而成。本生抓了一粒盐放到纯白金丝上，然后把它放进了火焰里。火苗立刻变成了明亮的黄色，基尔霍夫把眼睛紧贴着望远镜筒。“我看见有两条黄线并排着，”他说，“没有别的了。就是深色背景上有两条黄色的小缝。”其他的钠化合物也可以产生同样的黄线。本生依次将碳酸钠[1]、硫酸钠、硝酸钠[2]及许多其他钠盐注入火焰。所有这些都有一样的光谱，即黑色背景上有两条亮黄线，而且它们总是在同一个地方。

这样，一切都完全搞清楚了：钠盐遇极热会立即分解，钠变成炽热的蒸气，这些蒸气发出黄色的光，并且色调不变。当钠盐完全挥发后，火焰就重新变成无色的了。然后本生把白金丝清洗、烧红，用它夹了几粒钾盐，放进了火焰里。火焰变成了柔和的淡紫色。基尔霍夫又趴到望远镜上，沉默了几秒钟。“你看到了什么，古斯塔夫？”本生问。“我看到在黑色背景上有一条紫色线和一条红色线，它们之间几乎是

1 碳酸钠，又名苏打。

2 硝酸钠，又名硝石。

一个连续的光谱，没有单独的明亮线条。”所有的锂盐都会产生一条明亮的红色线条和一条有点儿暗淡的橙色线条。而在锶盐的光谱中，引人注目的是一条明亮的天蓝线条和几条暗红色线条。每个元素都是这样。事实证明，每种元素的炽热蒸气都会产生特定颜色的光线，而三棱镜将这些光线偏转到特定的位置。

基尔霍夫和本生高兴地在分光镜中观察着这些美丽的谱线。本生设计了一个特殊的立柱，它可以在火焰中独自支撑白金丝。现在他不必一直坐在狭缝边，而是可以和基尔霍夫一起查看分光镜了。后来，他们的眼睛都开始发花了。但基尔霍夫还是不愿离开。他说："应该把这一切都写下来。我们应该在纸上把所有的光谱都记录下来，这样我们以后就有样本进行比较了。""等一下，"本生叫住了他，"我们还不知道最重要的一点：如果一次把几种不同的盐，比如钠盐、钾盐和锂盐都加入火焰，那么火焰的光谱会是怎样的。"于是，他们决定立即用这些混合物做一次实验，然后休息。二人都急切地想知道，是否可以通过光谱确定由许多不同元素组成的物质的成分。

关键时刻到了。基尔霍夫一边用手揉着疲惫的眼睛，一边在房间里来回踱着步。本生则镇定自若，像平时一样小心翼翼地把几种盐混合。最后，他用白金丝舀了一些混合物，塞进了火焰里。火焰变成了明亮的黄色：钠的颜色把所有其他物质的都盖住了。而分光镜显示了什么呢?

基尔霍夫透过望远镜筒观察了许久，一声没出。盐在火焰中烧得噼啪作响。本生拿着白金丝的那只手微微颤抖着。"我能看出你混了什么盐。"基尔霍夫说，"混合物里有钠、钾、锂，还有锶。""没错！"本生喊道。他把白金丝固定到立柱上，跑到分光镜那儿。他看到：所有明亮的线条分别在各自的位置上闪耀着。最清楚的是钠盐的双黄线。这条光谱带很宽，五颜六色的，上面清楚地显示出钾的紫色线、锂的红色线、锶的天蓝色线。就像你能从人群中凭嗓音找到一个人一样，你也能从混合物中凭炽热蒸气发出的光线找到每一种元素。三棱镜把不同元素发出的光线投射到不同的地方，而且没有一个颜色被另一个颜色遮盖。基尔霍夫和本生现在可以互相祝贺实验成功了。他们为自己设定的目标实现了：他们发现了一种研究化学物质的新方法——光谱分析法。

第8节 夜以继日的追寻

日子慢慢地过着，宁静的金秋装饰着海德堡的花园，城市周围树木繁茂的小山丘点缀着各种色彩，清透干净的空气带着点儿冷冽，正是出游的好时候。但本生和基尔霍夫现在没有时间去远处散步了。他们在实验室里忙着，沉醉其中，激情澎湃。他们手里拥有着神奇的工具，就像童话故事一样，能轻松简单地用它揭示世界的奥秘。这两个朋友用这个新工具做出了越来越多的新发现，这让他们非常高兴。分光镜非常精巧，非常灵敏，与它相比，即使是能够称量细小沙粒的最精密、最精确的天平，也显得笨拙而粗糙。你知道，要往本生灯的火焰中加入多少钠才能在分光镜中出现双黄线吗？你认为是，一克？半克？百分之一克？或者千分之一克？或者说一毫克？不！三百万分之一毫克的钠或钠盐就足够了。

你能想象三百万分之一毫克意味着什么吗？如果你把一克的食盐溶解在一杯蒸馏

水里，然后在装满四维德罗[1]水的大桶里把它稀释，然后从大桶里面舀出一杯水，再倒入一个装有四十维德罗清水的超大桶里，充分搅拌，最后只从这个超大桶里取出一滴，这样，这滴水里就只有三百万分之一毫克的钠盐。而如此低得难以置信的分量却能被分光镜检测出来！

夫琅和费及之后的其他科学家，总是在各种灯或蜡烛的光谱中发现黄线，这奇怪吗？这正是钠产生了那对黄色的线！三百万分之一毫克的食盐，肯定能在灯芯里、蜡烛油里找到，甚至在其他任何地方都能找到。钠从各处渗入火焰中。甚至，只要本生用手指接触最纯净的白金丝，哪怕一秒钟，就足够了：白金丝上已经不知不觉地沾上了食盐。因为人总是通过皮肤分泌汗水，而汗水是咸的。当本生把白金丝插入火焰时，光谱中就出现了黄色的线。只要在燃烧着的本生灯附近拍一拍满是灰尘的书，黄色的火花立刻在无色的火焰中喷射而出，分光镜用黄色的线指出了钠盐的出现。而书上的钠是从哪里来的？从海洋中来。海风携带着极微小的海水飞溅物，将看不见的钠盐颗粒带到数千千米外的内陆。这些微小的颗粒在空气中随着尘土飞扬。然后，灰尘被吹到本生灯的火焰里，分光镜马上就会检测出：有钠！

本生和基尔霍夫发现，人类周围是一个多么"肮脏的"世界。几乎在每一种物质中，哪怕是在最纯净的物质中，都发现了某种污染。而有些物质似乎没有杂质，也不可能有任何污染，但是分光镜揭露了这些所谓的纯物质，并证明："它们有杂质。虽然很少，也许是千分之一克或百万分之一克，甚至更少，但还是有杂质的。"就像嗅探犬从细微的气味中找到罪犯藏匿的踪迹一样，分光镜也能在最意想不到的地方发现各种物质，哪怕一丝一毫的痕迹。光谱中明亮的线条似乎对这两位科学家说："这里有钠。这种物质含有钾、锶、钡、镁和许多万万没想到的其他元素。"

---

1 维德罗，俄桶，液量单位，约等于12.3升。

一天早上，基尔霍夫出现在实验室的时候。本生说了句让他非常吃惊的话："你知道我在哪里找到锂了吗？""在烟灰里。"那天之前，作为与钠和钾相似的世上最轻的金属，锂被认为是世界上最稀有的元素之一。它只存在于世界上很少见的三四种矿物中。而现在，突然在普通的烟草里找到了锂！找到它的，正是分光镜。而且，不仅仅是在烟草里！本生和基尔霍夫每天都在新地方发现这种元素：在普通花岗岩中发现了锂；在大西洋的海水里、在河水里、在最清澈的泉水里，到处都有锂；在茶里、牛奶里、葡萄里、人的血液里、动物的肌肉里，也都发现了它；甚至在从外太空飞到地球的陨石里，也发现了锂。

本生和基尔霍夫使用分光镜连续数周"追捕"这些元素。一开始，他们非常喜欢去揭开岩石或化学试剂中各种元素的神秘面纱。但很快，这种追踪对他们就失去了吸引力。他们想要更多的东西：现在他们梦想着发现全新的还没有人知道的元素。事实上，有些元素可能藏在某个地方，只是因为它们在自然界中的数量很少，因此，到目前为止，它们总是从化学家的手中逃脱。而分光镜能捕捉到比百万分之一克或十亿分之一克还少的物质。为什么分光镜不会引导本生和基尔霍夫找到未知元素的痕迹呢？而这两位科学家，尤其是本生，一直在孜孜不倦地寻找它们。

但就在寻找得最火热的时候，突然发生了一件非常惊人的事情，以至于两位朋友暂时完全忘记了寻找新元素。在这件事中，主角就是太阳光谱中的暗线——夫琅和费线。

第9节 太阳光和德拉蒙德之光[1]

“你知道吗，罗伯特，”基尔霍夫有一天对他的好朋友说，“我一直在想……”“关于新元素的事？”本生打断了他的话。“不，并没有。我在想夫琅和费线。它们是怎么回事儿呢？为什么明亮的太阳光谱上到处都是这些线？咱们想了这么久，但这些暗线的起源仍然搞不清楚。”“是的，是这样。但说实话，我现在更喜欢研究新元素。”“不，你想一想，罗伯特，为什么钠的黄线和太阳光谱中的暗线D所在位置是一样的呢？我敢说，这不是巧合，一定有某种联系。”

之后，每到天气晴朗的日子里，基尔霍夫就开始仔细研究太阳光谱。他很久以前就给分光镜配上了刻度尺。现在，每一条光谱线都对应一个固定的数字，这样就不会把它们搞混了。太阳光线直射到准直器的缝隙里，一个巨大、明亮的连续光谱在三棱镜后面展开。它上边一条单独的亮线都没有。各种颜色呈宽条纹状均匀地穿插排列，只有夫琅和费线的暗色线条像栅栏一样，划破了光谱的明亮背景。基尔霍夫在刻度盘上找到了钠黄线的编号。当然，在太阳光谱中没有黄线，但就在这个地方，在同一个数字上面，却有粗暗线D。然后，基尔霍夫遮住了阳光，在狭缝处放了一个灯，并在里面放了一些钠盐。从镜筒里现在可以看到两个孤零零的黄色小光线，而不再是绚丽缤纷的太阳光谱。基尔霍夫脑海中产生了一个有趣的想法。他决定：“我现在要让阳

---

1 德拉蒙德之光，又称石灰光或钙光。

光也射进缝隙里去。让灯立在准直器旁边的同时，也让太阳光照进里面去。我想知道，一个光谱是如何叠加在另一个光谱上的。”为了不让明亮的阳光完全遮住钠的火焰，他在阳光的照射路径上放置了一块毛玻璃。然后，柔和微弱的太阳光穿过灯的火焰，再从那里连同钠的黄色光线一起，进入狭缝。分光镜是怎么显示的呢?

在那里，出现的是一条不是很明亮的普通太阳光谱。只有一个特殊之处：在夫琅和费线D线的位置上亮着钠的谱线。光谱被一个接一个地叠加了。基尔霍夫略微增加了太阳光线的亮度——钠线仍然保持在原位。然后他让全部的太阳光线直射入钠的火焰，再从那里射入狭缝。他又看了下分光镜，惊讶地叫起来。明亮的钠线突然消失了，取而代之的是一条粗黑线。虽然灯的火焰像以前一样发出强烈的黄色光线，但在光谱中钠线的位置上出现的是一个黑色的空隙。这让基尔霍夫大吃一惊。

最令他惊讶的是，黑线D变得前所未有的清晰。它的颜色比平时黑得多，比其他所有夫琅和费线条都清晰得多。而同时，炽热的钠产生的明亮光线，从灯的火焰中射出后，被分光镜的三棱镜直接投射到的位置，正是上述那条黑线所在的地方。如果钠的光线在强烈的太阳光谱映衬下显得很苍白，比平时更苍白，基尔霍夫也就不会感到惊讶了：因为灯的火焰比太阳要弱得多。但是钠线完全消失了，变成了黑色的D线，而且这条D线前所未有的清晰，这就真是一个谜团了。基尔霍夫从仪器旁边离开，走到窗前沉思起来。他的大脑快速地运转。“我手里应该就掌握着解开那个最有趣问题的钥匙。”他喃喃地说。

本生当时不在实验室。基尔霍夫叫来了自己的助手，让他在分光镜前放置一台可以发出所谓的德拉蒙德之光的仪器。为了获得德拉蒙德之光，两根管子要同时释放出两种气体——氢气和氧气，然后把它们点燃。氢气在纯氧中以很高的热度燃烧，这种炽热的火焰被引到纯石灰棒上。当火焰遇到石灰时，它会把石灰烧到白热化，这样它就会发出耀眼的光芒。这种方式是由英国人德拉蒙德发明的，因此得名德拉蒙德之光。炽热的石灰，不是像发光的蒸气那样，产生单独的明亮光谱线，而是密实、连续、均匀的光谱。这个光谱就像太阳光谱，只不过它没有暗线。

基尔霍夫要用德拉蒙德之光做什么呢？那道光要起人造太阳的作用。基尔霍夫决定让德拉蒙德之光穿过钠的火焰，再从那里进入分光镜。他想看看，钠的黄线在德拉蒙德之光的连续光谱上是怎样的，是像在明亮的太阳光谱上一样，还是另一种样子呢？

首先，他让德拉蒙德之光绕过黄色的钠火焰，直接射入缝隙。分光镜里出现了一个纯粹的连续光谱，没有一条暗线或亮线。然后，他让加盐的灯具火焰横穿德拉蒙德之光，来到缝隙前。在德拉蒙德之光光谱的黄色部分，立即出现了一对黑暗的双线。“人造夫琅和费线！”基尔霍夫低声说，“就是这样！我觉得我好像明白这是怎么回事了。”为了在光谱中形成一条暗线，必须让光穿过另一个发光体，穿过炽热的蒸气。显然，钠的火焰不仅会发出黄色的光线，还会吸收相同色调但光源不同的其他黄色光线。它拦截了这些光线，阻止它们进入缝隙。这就是为什么德拉蒙德之光光谱中在原黄色光线位置上出现的是黑线。当然，射到这个地方的还有来自灯光的黄色光线。但与德拉蒙德的强光相比，它们太弱了。因此，在我们的眼睛看来，在德拉蒙德之光或太阳光的明亮光谱中，黑色的空隙就是没有受到光照的。

这时，本生来到了实验室。他发现，他的朋友非常兴奋。基尔霍夫对本生滔滔不绝地讲起自己的发现，但是因为太激动了，他说得颠三倒四。于是他把所有的实验又做了一次，向本生展示了夫琅和费线的诞生。“我做的！”他说，“现在，实验者们可以自己随意在实验室里制造夫琅和费线了！就是这样！”

第10节 太阳的化学

那天晚上，基尔霍夫久久无法入睡。他想了又想，越想越激动，越想越睡不着。早晨，他面容憔悴，脸色苍白，一上完课，就到大学里找本生去了。“罗伯特，”他没寒暄就开门见山道，“我仔细想了想昨天的发现。它让我得出了非常特别的结论，很大胆的结论，我自己都不敢相信……”“什么结论？”本生惊讶道，“怎么回事儿？”“阳光中有钠！”“阳光中有钠！你想说什么？”“我想说的是，我们的光谱分析，不仅可以用于地球物质的研究，也可以用于天体的研究。对于地球上的元素，我们可以通过明亮的光谱线来进行研究，而对于太阳上存在的元素，我们可以通过夫琅和费线去了解。”

这是一个超级大胆的想法，像分析某种矿物或黏土一样去分析太阳和星星！基尔霍夫是这样推想的。太阳包含一个坚实的炽热核心，核心周围是稀薄的炽热大气层。从太阳射向地球的光，是来自核心表面。在这种光中，含有各种颜色上千种色调的光线。如果它不用先穿透炽热的太阳大气层，而是直接到达我们这里，那么所有的光线都将完全到达地球，太阳的光谱将会像德拉蒙德之光的光谱一样清晰连续。

但实际上，太阳光首先穿过太阳大气层的炽热气体。这些气体也发光，但比太阳炽热坚实的核心要弱得多。这样，太阳大气层就像基尔霍夫实验中钠的火焰：它吸收并拦截了一些太阳光线。什么样的光线被拦截了呢？就是太阳大气层中存在的元素所发出的那种光。当光线从太阳大气层射出，进入宇宙空间时，它已经被弱化、被稀释了，少了许多光线。因此，在地球上，它们通过分光镜后出来的不是一个连续的明亮光谱，而是被深色夫琅和费线隔开的彩色光谱。暗线D所在的位置，通常是黄色钠线所在之处。基尔霍夫认为，这样就可以得出，太阳的大气层中存在炽热的钠蒸气。但也许暗线D只是碰巧和钠的黄线吻合，可是，德拉蒙德之光的实验表明，这不可能是偶然情况。比如说，我们如何解释铁线的匹配呢？基尔霍夫和本生利用电流获得了发光的炽热铁蒸气，并绘制了它们的光谱图。在这个光谱中，他们发现了60条不同颜色的亮线。然后他们把这个光谱和太阳光谱进行了对比，发现铁的每条光线都对应着一条在太阳光谱中宽度和清晰度相同的暗线。难道这60条线都是巧合吗？当然不是。这些线必然重合：在太阳的大气层中，存在炽热蒸气形式的铁，它们拦截了所有炽热铁蒸气发出的光线。

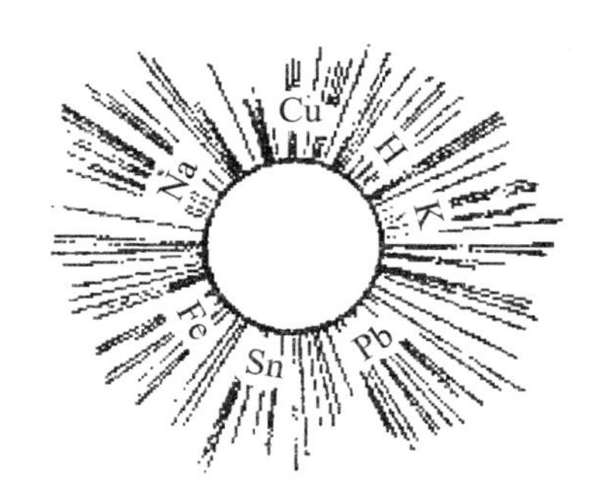

除了钠和铁外，基尔霍夫还以类似的方式在太阳中发现了大约30种不同的元素，包括铜、铅、锡、氢、钾及其他许多地球上也有的物质。两位科学家朋友本来在寻找一种分析地球化学物质的简单方法，结果却找到了一种分析太阳的方法！

基尔霍夫于1859年10月20日首次向柏林科学院报告了这个发现。没多久，他又发布了一个新消息：他借助数学计算证明了，炽热的气体确实应该吸收它自己发出的光线。这样，基尔霍夫用理论支持了实践成果。同时，他也坚定地继续做进一步的实验和研究。所有这些都证明了同样的事实：地球上最普通的物质，也在太阳上存在。

这个新发现传遍了全世界。每个学者都在反复谈论着基尔霍夫和本生的名字。想想看：地球上的科学家们能够查明离我们几百万千米以外的天体的成分。从此，太阳和星星在人类心中已经一个接一个地失去了神秘感。

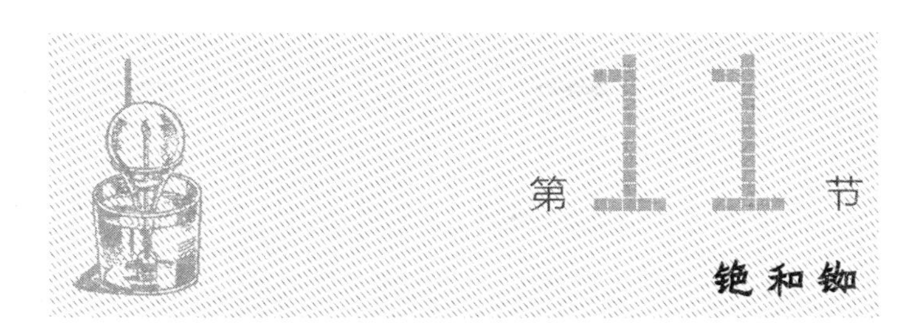

第11节 铯和铷

1860年5月，又有一份报告从海德堡邮局寄到了柏林科学院。但这一次，寄件人不是基尔霍夫，而是本生。当基尔霍夫把他所有的时间都花在遥远的太阳大气上时，他的朋友并没有忘记研究地球上的东西。本生继续寻找着新元素。他在灯焰和电火花中测试了数百种物质——有矿物、岩石、盐、水、植物和动物肌肉燃烧后的灰烬。分光镜每天不知疲倦地告诉他几十次：有钾，有钙，有钡，有钠，有锂……

现在，本生对它们的彩色谱线都非常了解了，就像了解自己的五根手指一样，就像了解他卧室窗外的风景一样。根据谱线在光谱中的位置、色调和亮度，甚至连参考刻度都都不看，他就可以准确地从几十条线中认出每一条。他就算闭着眼睛，也能在脑海中清晰地想象出任何元素的光谱，就像在图表上一样，并且知道所有的细微差别和变化。晚上，他甚至会梦到它们——在彩色或黑色的背景上有黄色、红色、天蓝色、紫色的线条。

后来有一天，在这些线条中，本生发现了陌生的新谱线。那是在他研究杜尔汉矿泉水时发现的。那是一种又咸又苦的普通矿泉水。医生认为，它可以治疗多种疾病。本生偶然发现它含有当时正在研究的几十种物质。本生先把它进行蒸馏，等它变得浓稠时，取出一滴放入灯焰中。分光镜一开始没有给出什么特别的结果：“钠、钾、锂、钙，锶。”但本生不愧是一位有着敏锐洞察力的分析家。“杜尔汉矿泉水中含有的物质这么多，”他说，“那它的谱线一定特别明亮。钙和锶产生了许多不同的谱线，如果这滴液体中只有极少量的未知元素，那么它微弱的光谱可能就无法区分出来了。必须把钙、锶和锂从里边分离出去，这样它们就不会妨碍研究了。”然后，他就把那些元素都赶走了。液体中只剩下钠盐、钾盐和少量锂。他再次向灯焰中注入一滴液体。本生看着分光镜，紧张得心脏怦怦跳。

他看到，在熟悉的钾、钠、锂的谱线中，躲着两根未知的毫不起眼的天蓝色光线。本生怕搞错了，就跑去翻他和基尔霍夫画的彩色光谱表。没有！没有一个元素在这个地方有双天蓝线。锶确实是天蓝谱线，但只有一条。这里的的确确是有两条线，至于锶的其他谱线，倒是从没见过。意味着，这是新元素？

哥伦布（1452—1506），意大利探险家、殖民者、航海家，大航海时代的主要人物之一。曾在西班牙王室支持下进行航海探险。

本生又一滴接一滴地把这个液体注入火焰。那两条天蓝色谱线一直坚守自己阵地。看着它们的时候，本生突然想起了童年时读过的一个关于**哥伦布**的故事——1492年，这位西班牙海军上将乘坐简陋的卡拉维尔帆船[1]去探索未知的海洋。30天来，水手们只看到了天连着水，水连着天。有很多次，希望被恐惧和绝望所取代，然后绝望之后又迎来了希望。终于，有一天晚上，在无边无际的海洋里，哥伦布突然注意到西边很远处有一点非常苍白的火光。这个从未知的陆地上发出的微弱模糊的信号，在此刻，是那么触动这位海军上将的心！哥伦布站在船头，激动的泪水顺着他的脸颊流下来。他尽力用梦想和热情的想象描绘黑夜下的奥秘。在那片闪烁着微弱光芒的未知土地上，有什么东西呢？是大陆还是岛屿，是平原还是山脉？黑暗中隐藏着什么奇迹？也许，那里有富饶的城市，居住着美丽无比、力量非凡的人，遍布黄金覆盖的房屋，连道路上都镶嵌着南瓜大小的钻石？也许，那里只是一片荒无人烟的沙漠，在海岸边有一些稀少的原始人棚屋？那谁能告诉他们，在

1 卡拉维尔帆船，即拉丁式大帆船，为一款盛行在15世纪的三桅帆船，当时的葡萄牙和西班牙航海家普遍采用它来进行海上探险。

那片未知土地上的幽灵之火背后藏着的是什么呢？那现在谁又能告诉本生，隐藏在杜尔汉矿泉水水滴中，发出两条像天空一样纯净的天蓝色光线的，到底是什么物质呢？

海德堡的化学家本生与热情敏锐的水手哥伦布并没有什么相似之处。当然，当他用分光镜观察那个未知物质的信号时，他的眼睛是干巴巴的，并没有流下什么泪水。但在那一刻，他也体会到了同样的幸福，一种马上要完成期待许久的发现时那强烈的快乐。本生决定给新元素取名叫“铯”（cesium），在拉丁语中的意思是“天蓝色”。铯的线索是正确的。现在，我们要做的就是沿着这个线索进行追踪，找到那个天蓝色的物质。必须把它从混合物中提取出来，分离出它的纯粹形态，看看它究竟是什么样的东西。

但这并不容易。因为这种新元素在杜尔汉矿泉水中的含量是非常少的。一杯水中只含有极其微小的一粒铯——约为四万分之一克。如果本生想用他实验室的玻璃杯提取10克或20克新物质，那他就得一辈子坐在实验室，倒腾这些矿泉水。

他采用了另一种做法。海德堡附近有一个生产苏打的化工厂。那里有很多巨大的锅炉、罐子、大炉子和机械泵。本生和工厂老板商量好，在几个星期内，请工厂帮他用化学方式蒸馏44 000升矿泉水。从这么多液体中，本生只提取到了7克纯铯盐。但他同时发现了另一种新的物质。

事情是这样发生的。当本生一步步地提取铯的时候，他从杜尔汉矿泉水中把其他元素分离出去，一个、两个、三个……最后，混合物中只剩下了铯和钾两种盐。当钾盐逐渐被洗掉时，分光镜却发出了一个出人意料的信号：混合物的光谱上出现了两条新的紫色谱线，后面还有绿线和黄线，最后是几条深红色线，特别明显。意味着，还有一个新元素藏在杜尔汉矿泉水里！算起来这是第59个元素了。本生将它命名为

“铷”（rubidium），拉丁语意思是“深红色”。在本生处理的这些杜尔汉矿泉水中，它甚至比铯还多——多达10克。

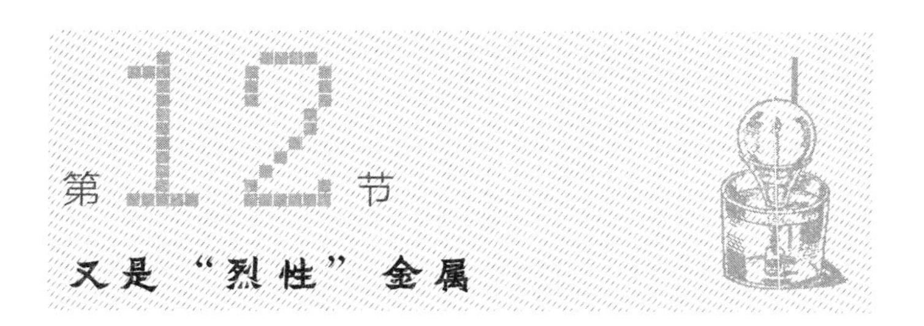

只有7克和10克——储备不是太多，但是，对于像本生这样精细的化学大师来说，这点儿量已经足够了。从这17克物质中，他设法获得了铯和铷与其他“老”元素的多种不同化合物。他研究了这些新化合物的所有特性。了解了，它们的味道怎样，它们在水中的溶解程度，它们产生的晶体有多大，它们需要怎样加热才能熔化等。铯和铷这两个元素本身与戴维发现的著名烈性金属钾、钠和它们的第三个兄弟——锂非常相似。

铯和铷都是银白色轻金属，只是比锂、钠和钾重一点。它们也像蜡一样软，甚至比钠和钾还软。它们也在空气中燃烧，同时能变成苛性碱。它们也在水上乱窜，着火，并发出爆裂声，甚至比钾和钠还要猛烈。而且，就像戴维发现的金属一样，它们也只能保存在纯煤油中。铯和铷的氯化物看起来和普通食盐（氯化钠）没有什么不同。即使是最有经验的厨师，可能也分辨不出来，也会毫不犹豫地用它们给汤调味。

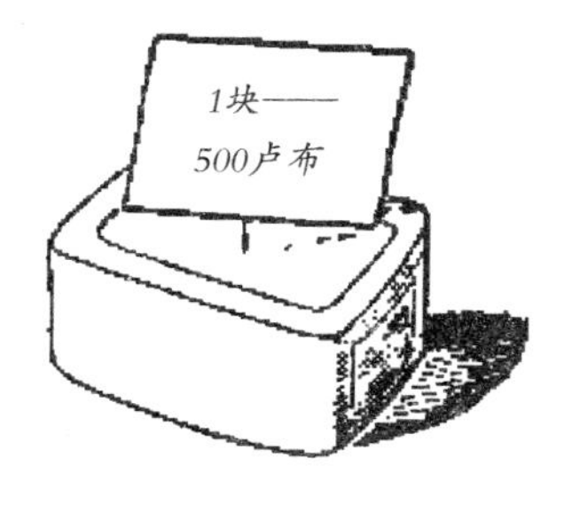

铯和铷的硝酸盐，与被化学家称为硝酸钾的普通硝石类似，它们可以用来制造上好的火药。苛性铯和苛性铷，

摸起来滑溜溜的，尝起来也是肥皂味儿，就像苛性钠或苛性钾一样。即使是最有经验的肥皂匠人，也看不出它们之间的区别，并且会毫不怀疑地用它们做肥皂。

相信我，用它们做的肥皂也挺不错的。但是，价格不菲，一块可能要花500卢布。

第13节 关于未来……

有些读者可能很久以前就有这样的疑问：“好吧，基尔霍夫和本生做出了惊人的发现。他们发明了光谱分析法。他们知道了太阳是由什么组成的。他们发现了两种稀有元素，如果这两种元素不是比黄金还贵的话，就可以用来制造肥皂和火药了。所有这些发现对技术和工业有什么好处吗？”

是的，有好处。但是，说实话，这些好处并不是马上可以看出来的。重大的科学发现并不总是立即带来实际的好处。但它们肯定能结出硕果，有时甚至是在最意想不到的地方。

当本生在杜尔汉矿泉水中发现稀有金属铯时，他并没有想到这种新元素有一天会在电视上派上用场。他肯定想不到这一点，因为那时还没有电视机，甚至连简单的无线电报机都没有。而现在，制造电视需要光电元件，而制造光电元件，就一定会用铯。

当基尔霍夫和本生把他们的分光镜对准太阳或煤气灯灯焰时，他们从未想过，自己的工作成果会用到飞艇制造上。他们不可能想到这一点，也是因为那时候还没有飞艇。但几十年过去了，这两位海德堡科学家的研究成果却帮了航空家的大忙。在接下来的章节中，将会具体讲述这是如何发生的。

基尔霍夫和本生也想不到，未来某一天，人类利用分光镜学会了制造耐用的电灯泡。1859年，世界上还没有电灯——不管是易坏的，还是耐用的。后来，人们正是通过光谱分析法，学会了延长灯的使用寿命。现在似乎看不出来两者有什么联系，关于这一点，我们会在稍后的故事中告诉您。基尔霍夫和本生的发现，给技术和工业带来的巨大的帮助不胜枚举。

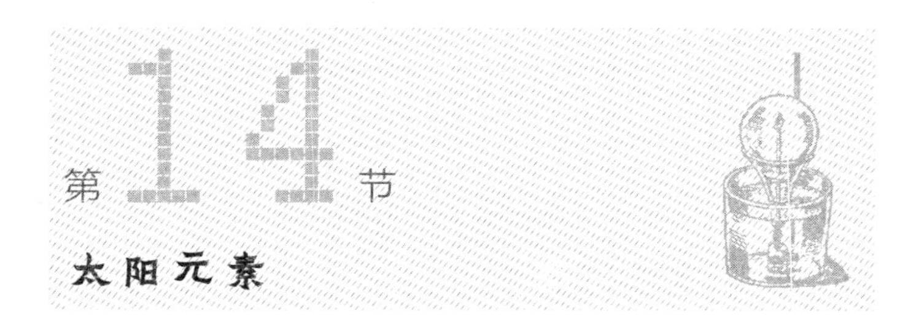

第14节 太阳元素

用分光镜发现未知元素的消息，让许多化学家兴奋不已。很快，到处有人模仿基尔霍夫和本生。科学实验室纷纷配备了这种新武器，它既可以攻击太阳，也可以攻击水滴，并且都取得了同样的成功。化学家们往火焰中加入各种物质，然后观察它们的光谱，寻找新的谱线。找啊找，终于找到了！

克鲁克斯（1832—1919），英国化学家、物理学家，发现了化学元素铊（第81号Tl），发明了辐射计和克鲁克斯管。

1861年，英国人**克鲁克斯**（Crookes）从一家化工厂收集了一种特殊的淤泥，这种淤泥沉积在制造硫酸的铅室底部。克鲁克斯在这种淤泥的光谱中发现了一条未知的绿线。重金属“铊”（thallium）就是这样被发现的。

两年后，德国化学家里希特（Richter）和赖希（Reich）在一种锌矿石的光谱中发现了一条新的靛蓝色谱线。后来，发出这条谱线的元素被命名为“铟”（indium），取自希腊文中“靛蓝”一词。铟也是一种白色的金属。

五年后，科学家们又找到了一种未知元素的踪迹。但这次不是化学家，而是天文学家。新的谱线不是在地球物质的光谱中找到的，而是在太阳的光谱中。这件事发生在日食期间。法国天文学家让桑（Janssen）和英国人洛克耶（Lockyer）将分光镜镜筒对准太阳，发现了一条从钠黄线所在位置的旁边射出的明亮黄线。日食时，月亮把整个太阳光面都遮住了。只有炽热的太阳大气层外层从月亮的黑影下突出，将其微弱的光芒毫无遮蔽地射向地球。这种光的光谱，与普通的带有深色夫琅和费线的太阳光谱完全不同，让桑在其中发现了一条未知的黄线。是什么元素产生了这条黄色光线呢？谁知道呢！因为不可能把太阳放在烧瓶里观察，也不可能把太阳放到工厂的锅炉里。

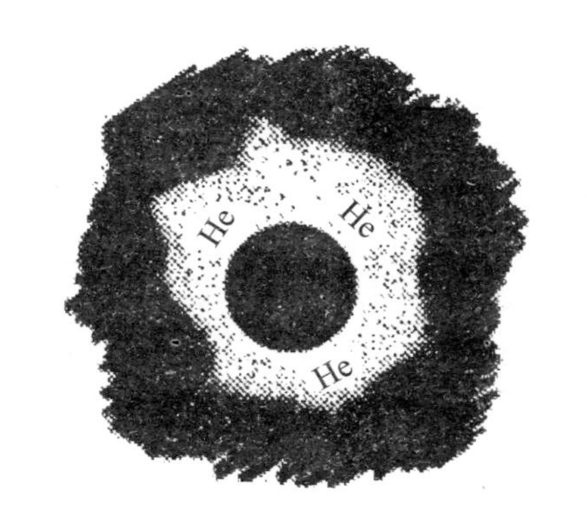

科学家们谈到让桑的发现时，只能说：“太阳上有这样一个未知的元素，我们在地球上从未见过它。”他们把这种元素命名为“氦”（helium），来自希腊语，意思是“太阳”。虽然他们把它命名为氦，但是氦是什么，它长什么样子，有什么样的性质，谁也不知道。解开太阳物质的谜团会很有趣，不是吗？更让人感兴趣的是，它是否与地球上的元素相似，或者它是不是一种完全不同的物质？难道我们一定要等到人类学会坐着火箭飞往太阳之后，才能回答这个问题吗？那也不一定！也许，你们还没读完这本书，氦的奥秘已经解开了……

而现在，请先看一看俄罗斯化学家德米特里·伊万诺维奇·门捷列夫的故事吧。他在办公室的书桌前发现了一些新元素，但是他从未见过这些元素，无论是用肉眼，还是透过分光镜。他只是用自己的远见卓识发现了它们。

04

门捷列夫定律

导读

王凤文

孩子们，前面我们认识的对元素发现做出重大贡献的科学家们，无一不是亲自奋斗在实验室中，执着地进行着火、电、光等方式的实验，接触易燃、易爆、剧毒、强腐蚀物品的危险工作。他们是科学界的勇士！是黑暗中前行的探路者！

今天我们要接触的同样是位行进在科学密林的探路者，在一片杂乱无序的森林中苦苦寻找着元素间某种规律的执着追求者，享有世界盛誉的俄国化学家——门捷列夫。不同的是，他从未见过这些元素，只是坐在办公室的书桌前每天摆弄着手中的纸牌就发现了一些新元素！听起来很轻松是吗？

作为著名大学的知名化学教授，每天徜徉在浩瀚的化学知识海洋中，却被“世间万物繁杂、无序、随机的问题”所困扰。他在思索，他要行动！

元素组成世间万物，元素之间到底有着怎样的关联？他深信，元素之间一定存在某种潜在的联系。所有元素，必定都有一个基本的特征，决定了它们之间的相似性和差异性。如果知道了这个特征，就可以把所有的元素及无数的化合物按严格的顺序排列起来，为此，他毅然走进这个化学迷宫。

他不分昼夜地研究着，将每个元素记在一张小纸卡上，随时随地思考着这个神秘的元素系统。他力图在元素全部的复杂特性里捕捉元素的共同性。

那么，决定元素在物质序列中所在位置的基本特性是什么？决定性标志是什么？也许是物质的颜色、密度，元素的导热性、导电性、磁性，相对原子质量。对的，一定是相对原子质量！科学家敏锐的视角锁定在相对原子质量上，相对原子质量相当于元素的身份证，任何一种化学元素都有自己严格确定的相对原子质量，并且是实验可测出的。

最终，他以惊人的洞察力和锲而不舍的精神投入了艰苦的探索。在批判地继承前人工作的基础上，对大量实验事实进行了订正、分析和概括，1869年2月19日，他终于总结出这样一条规律：元素（以及由它所形成的单质和化合物）的性质随着相对原子质量的递增而呈周期性的变化，即**元素周期律**。

这一伟大定律的发现，使人类认识到化学元素性质发生变化是由量变到质变的过程，把原来认为各种元素之间彼此孤立、互不相关的观点彻底打破了，使化学研究从只限于对无数个别的零星事实做无规律的罗列中摆脱出来，从而奠定了现代化学的基础。

随后，他根据元素周期律编制了第一个**元素周期表**，把已经发现的63种元素全部列入表里，从而初步完成了使元素系统化的任务。他还在表中留下空位，预言了类似硼、铝、硅的未知元素（门捷列夫叫它类硼、类铝和类硅，即以后发现的钪、镓、锗）的性质，并指出当时测定的某些元素相对原子质量的数值有错误，因而他在周期表中也没有机械地完全按照相对原子质量数值的顺序排列。若干年后，门捷列夫元素周期表被后来发现的一个个新元素证实，并且为以后元素的研究，新元素的探索，新物资、新材料的寻找，提供了可遵循的规律。

大胆的质疑、科学的预言、准确的估测，门捷列夫的“元素周期律”和“元素周期表”奠定了现代化学和物理学的理论基础。

随着科技的进步，化学研究早已进入了微观领域。元素周期律的内容被科学地描述为**“元素的性质随原子序数的递增而呈现周期性变化的规律”**，并且认识到**“原子核外电子排布的周期性变化”**是元素周期律的实质。现今的元素周期表由门捷列夫周期表发展而来，由原来的60多种元素丰富到118种。

小朋友们，想知道你在一些工具书的后面见到的完美的“元素周期表”有着怎样曲折的发展经历吗？那就让我们去阅读本章的内容吧，相信这位伟大的科学巨匠会带给我们更多宝贵的精神力量！

第1节 化学迷宫

1867年，彼得堡大学[1]邀请年轻的科学家德米特里·伊万诺维奇·门捷列夫入职普通化学系。在全国排名第一的大学里教授化学，是多么崇高的荣誉啊！为了证明自己无愧于这一荣誉，这位33岁的教授决定尽其所能做好教学工作。为了备好课，门捷列夫开始一头扎进书籍和期刊里。他拿出了自己在多年学习和研究活动中积累下来的笔记和著作。他沉浸在浩瀚的知识海洋里，这片海洋是由世界各地数百名化学家几十年来所发现的事实、做的实验和得出的定律形成的。这里的资料对于教授一门大学课程来说足够了，但奇怪的是，门捷列夫越深入这片科学密林，越觉得自己的任务困难重重。

秋天，他登上讲坛，开始讲课。他的课上得非常成功。学生们争先恐后挤进他的课堂，就像有名人在剧院演出时一样。还有很多其他系的人——法律系、历史系、医学系，甚至有来自其他学校的人来听课，他们在上课之前就占好了座位，甚至有的站在过道里，有的聚集在门边，有的坐在讲台旁。大学老师这么受人欢迎，确实很罕见。但是，门捷列夫内心深处并不满足。

---

1 现为俄罗斯圣彼得堡国立大学，1724年建立，是俄语世界第一所大学。

他开始创作一部新的基础性著作——《化学原理》（*Principles of Chemistry*）[1]。由于有自己的课程笔记帮助，他写得很轻松，速度也很快。学生们都在焦急地等待着这本精彩巨著的问世。但是，这本书出版之后，门捷列夫并没有感到非常高兴，因为它并不像当初所期待的那样好。那个时候，化学科学，对门捷列夫来说，就像没有道路和小径的密林。他觉得，在这片森林中，他从一棵树走到另一棵树，遇到一棵记录一棵，但是这里的树木可能有成千上万棵……

当时化学家们已经知道的元素共有63种。每一种元素都会与其他元素产生几十、几百，或者上千种不同的化合物——氧化物、盐类、酸和碱。有气体、液体、晶体、金属；有无色的，也有耀眼的；有臭的，也有无味的；有硬的，也有软的；有辛辣的，也有甘甜的；有重有轻；有稳定的，也有不稳定的……没有一种与另一种完全相同。

虽然组成世界的物质千千万万，多种多样，但是化学家们对它们的研究已经非常细致了。他们几乎对每种物质的细节都非常了解，确切地知道如何提取其中任何一种物质，以及哪种方法更划算。每种物质的颜色、晶体的形状、密度、沸点和熔点等都被一一测量、详尽描述并记录在册；他们还研究了热、冷、电流、压力和真空是怎么对每个化合物产生作用的；他们检查了每个化合物是如何与氧和氢、酸和碱相互作用，如何化合，如何分解，如何再次生成，以及它们会产生多少热或冷……

化学物质的性质，用几个星期、几个月来描述，都写不完。但是，说得越多、越详细，听者可能对化学的理解就越少。因为这里边一片混乱，没有任何统一性，也没有任何共同系统。难道构成我们世界的物质真的是这么无序，这么随机吗？门捷列夫想向学生们展示一幅统一的逻辑严整的物质图画，想向他们展示宇宙结构所依据的基

1 《化学原理》，作者门捷列夫，是世界上第一个利用周期律把化学知识系统化的尝试。这部巨著的第一版是在1869—1871年出版的，曾译成多种文字，并且再版多次。

本定律，但他在自己钟爱的学科中，既没有发现统一性，也没有发现逻辑严整性。的确，物质的全部多样性都可以归结为少数几个元素。但是那种混乱、无序、随机，从那一小群基本的元素就开始萌芽了。比如，金属镁比碳更易燃，铂可以埋藏几千年而丝毫不变，而气体氟却是非常喜欢化学变化，甚至会腐蚀存放它的玻璃容器，但是，我们对此却没有办法解释，看不出来什么明显的规律。如果这些元素的性质调换过来，比如，铂会腐蚀玻璃，而气体氟是所有物质中最“温顺”的，化学家们也不会有一点儿惊讶。每一种元素和它具有的所有特殊性质，似乎都是物质的偶然表现。在这些物质所有的初始形态之间，也就是元素之间，或者至少在其中大多数之间，似乎没有任何联系。

大部分化学教授并没有理会这一点。他们推论道：“如果物质世界没有自然顺序，那就按照我们认为合适的顺序来对元素进行描述吧。”他们通常从氧开始，因为氧是自然界中最常见的元素。有些人更喜欢从氢开始，因为它是最轻的元素。这样说来，你也可以从铁开始，因为它是最有用的元素；也可以从金开始，因为它是最昂贵的简单物质；或者从最稀有的铟开始，因为它是最近才被发现的最“年轻”的元素。如果说这是一片杂乱无序的森林，那么从哪里进入又有什么区别呢？反正你走不了两步，就没有路了。

门捷列夫不想在这个迷宫里乱走一气，他一边准备编写《化学原理》，一边坚持不懈地寻找一种所有元素都遵从的普遍规律和自然秩序。他深信，无论这些元素看起来多么不同，这种规律和隐藏的统一性都是必然存在的。所以，他一直寻找着。

第2节 相对原子质量

其实，根本不需要多大的洞察力，就能发现某些元素之间惊人的相似之处。双生元素和同族元素，不仅仅存在于戴维和本生发现的“易燃”金属族中。化学家们早就知道其他类似的元素族，如卤化物——氟、氯、溴、碘，碱土金属——镁、钙、锶、钡。

门捷列夫认为，这绝不可能是偶然现象。所有元素之间一定存在某种潜在的联系。所有元素，无一例外，必定都有一个基本的特征，它既决定了它们之间的相似性，也决定了它们之间的差异性。如果知道了这个特征，就可以把所有的元素及无数的化合物按严格的顺序排列起来，就像士兵按身高、等级排队一样。那么，决定元素在物质序列中所在位置的基本特性是什么？决定性标志是什么？也许是物质的颜色。

但是，元素的颜色到底怎么确定的？比如磷，有黄色和红色两种。那么，这两种颜色中到底哪一种是元素的固有颜色呢？或者拿碘来说，固体状态时，它是深棕色的，有金属光泽，但如果对它进行加热，那么同样的碘就会变成紫色的蒸气。而对于黄金来说，如果把它做成非常薄的金箔，它就会变成透明的蓝绿色，像云母一样。那这就不对了，显然，颜色是一种太不稳定的次要性质，通过它肯定不能确定元素的自然顺序。

那也许是密度[1]？但这是一个更不确定的性质，因为只要把物质稍微加热一下，它的密度就会发生改变，它就变轻了。

基于同样的原因，元素的导热性、导电性、磁性和许多其他性质都不适用。显然，必然有另一个永恒不变的根本特征，元素的这个特征，就像人脸一样，是一种基本的固有特征，即使与其他元素结合，形成新的复杂物质，具有了新的性质，也不会失去这种特征。那么到底有没有这种特征呢？

这种想法一直萦绕在门捷列夫的脑海。他思考着，盘算着。是的，的确有这样一个特征，有这样一个性质，门捷列夫知道，所有的化学家都知道，但很少有人重视它。它被称为"相对原子质量"。任何一种化学元素都有自己严格确定的相对原子质量，它从实验中可以得出。无论是冷的还是热的，无论是黄色的还是红色的，相对原子质量都是一样的。相对原子质量在任何时候、任何条件下都不会改变。这相当于是元素的身份证。

一种元素的相对原子质量，表示它的每一个原子，也就是它的每一个最小粒子，是最轻的元素氢的原子的多少倍。例如，氧的相对原子质量为16。这意味着任何一个氧原子的质量都是氢的16倍。金的相对原子质量为197，这意味着它的原子是氢的197倍重。[2]

构成每种元素的最简单粒子——原子的大小，是由相对原子质

1 密度等于物体的质量与其体积的比值。通常用干燥物体完全密实没有孔隙的质量和同体积的纯水在4℃时的质量之比，即相对密度来表示。例如金子的相对密度是19.3，水银的相对密度是13.55。

2 在周期律被发现近半个世纪后，人们发现，化学元素的所有原子不一定都具有相同的重量。许多元素都有变异，即所谓的同位素，虽然它们都具有相同的化学性质，但是其原子更轻或更重。例如，在自然界中，每十万个相对原子质量为16的氧原子中，就有四十个同位素氧17的原子和两百个同位素氧18原子。最轻的元素——氢也有另外两种同位素——相对原子质量为2的氘和相对原子质量为3的氚。自然界每十万个氢原子中就有十五个氘原子。至于氚，氢的这种同位素具有放射性，在自然界中极少遇到。任何元素的相对原子质量，既取决于其同位素的相对原子质量，也取决于这些同位素在自然界中的混合比例。

量决定的。同一种元素的所有原子绝对相同。任何元素的每一个原子，与其他任何元素的每一个原子的区别，首先在于它的大小和质量。很明显，每一种化学元素的其他特征，都应该取决于这一基本特征。门捷列夫仔细比对了所有元

素的性质，然后得出这个结论。他看出来了，也猜到了，根据这个重要的特征，就可以摸索出元素相似性和差异性的规律。这就是他所寻找的解开物质世界统一性和规律性的钥匙。现在只需要好好利用这把钥匙。可是指引他追寻到此的线索却模糊不清，错综复杂。为了不偏离轨道，也为了更清楚地看到元素之间的关系，门捷列夫把硬纸板切了63个长方形，在每个纸卡上面写上元素的名称、基本性质和相对原子质量。然后，他开始“洗牌”，玩起了元素“接龙”。他把这些卡片进行不同的排列组合，然后改变它们的位置，寻找一种通用的规律，一种所有物质都必须遵守的共同规则。无论是在咖啡馆、实验室、大街上，还是在自家的写字台上，他日日夜夜思考着这个神秘的元素自然系统。

第3节 元素序列

到1869年春，元素自然系统的奥秘已经被揭开了。随着时间的推移，门捷列夫对

它的细节进行了完善，并向俄罗斯物理化学学会做了报告。下面所讲就是他的发现。

所有化学元素可以形成一个天然序列。序列开头的是氢——最轻的元素，它由最简单的原子组成。它的相对原子质量是1。金属铀是元素序列中排在最后的一种，由最重的原子组成。它的相对原子质量是238[1]。在最轻的元素与最重的元素之间，依次排列着其他元素，它们的相对原子质量越来越大。任何元素的所有特性，比如，它的外观、稳定性、与其他物质化合的能力，以及其所有化合物的特征，都取决于它在这一序列中的位置。

有趣的是，按相对原子质量排列的元素，会自动分成类似的组，或分成同类元素的族。试着想象一下，一群不同身高的人穿着不同颜色的衣服。乍一看，一切似乎都是随机的，毫无顺序，杂乱无章。但一声令下，他们就会按照高矮个子排好队。就在这时，一个出人意料的巧合发生了：一旦人们按身高排列好，颜色的杂乱无章也就消失了。他们的衣服颜色现在好像排列正确了，而且分成了几组，颜色组合重复出现。前七个人是最矮的，衣着颜色依次为红色、橙色、黄色、绿色、青色、蓝色、紫色。下一个七人组，同样的颜色，同样的顺序。这样，直到最高的七人组。每七人，颜色就会重复一次。如果每个七人组都站在另一个七人组的后面，那么之前花花绿绿的人群就会分成红色、橙色、黄色等同色队列。同时，在整个队列中，从七人组前面最矮的，到七人组后面最高的，在身高上都是严格统一，均匀增长的。

门捷列夫在把元素按相对原子质量排列时，发现了类似的次序。每七个元素，它们的性质就会周期性地重复。相似的元素，以一定的顺序或组合，一个紧挨一个地排列在一起。这样，相对原子质量为7的轻金属锂排在第二位，紧随氢之后。第九个是

---

1 除铀238外，自然界还存在两种铀的同位素，相对原子质量分别为235和234。同位素铀235是铀238的1/140，在释放原子能方面发挥着重要作用。今天，铀已不再是化学元素序列中的最后一种了。在本书第一次出版后的20年里，科学家已经人工制造出了10种超铀化学元素，关于这些，我们将在“结语”中进一步讨论。

钠，相对原子质量为23，也是一种非常轻的金属，就像锂一样，是一种活泼易燃的、易与其他元素结合的金属。第16位又是一种易燃的轻金属钾，相对原子质量为40。之后，每经过一定的间隔或周期，其他碱金属就会形成这种序列，如相对原子质量为85.5的铷和相对原子质量为133的铯。在这最轻的金属族中，它们的性质从上到下逐渐发生变化。最轻的是锂，也是最“平静”的：当进入水中时，它只会变热并发出嘶嘶声，并不会像钾或铯那样燃烧起来；锂在空气中也会生锈，但是速度比其他同族弟兄慢些。钠比锂更活泼，钾甚至更活泼些，而序列最后一个也是最重的元素——铯，比其他所有兄弟都更容易发生化合反应。它甚至不能在空气中停留哪怕一秒钟，否则会立即自燃。

铯

所有元素，都会被归入或多或少有亲缘关系的组或族。在每一组或族中，元素的性质和它们无数化合物的性质，都会随着相对原子质量的增加，按严格的顺序逐渐变化。因此，物质的世界，一眼看过去是混乱的，但慢慢就会发现它惊人的逻辑性。透过看似随意和混乱的外在多样性，门捷列夫看到了其中内在的统一性和铁一般的规律性。他把这种规律称为“元素周期律”（periodic law of elements）。

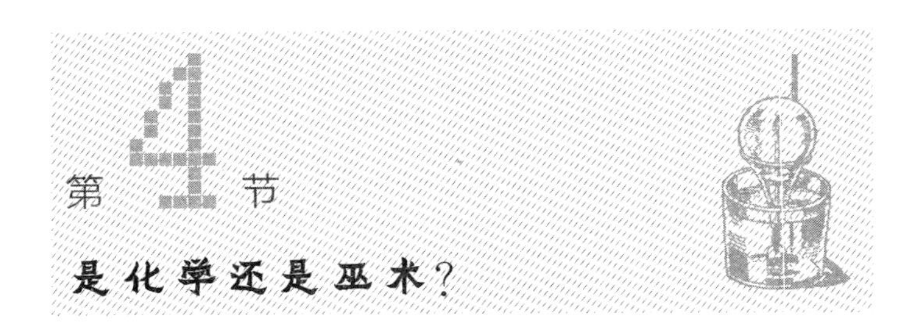

然而，在门捷列夫之前，没有人注意到元素之间的这种自然联系，难道不奇怪吗？乍一看，似乎没什么难的：按照相对原子质量的大小，逐一列出元素，仅此而已。然后周期律就会自己冒出来。难道除了门捷列夫之外，没有一个化学家想到这么简单的事情吗？要知道，这件事看起来很简单，每个人都可以做，就像把元素按字母顺序排列一样！的确，其他化学家也做过这样的尝试。但是，只有门捷列夫发现了周期律，并利用它进一步进行科学研究。因为，其实这件事真没那么容易。

事实上，元素之间的真正联系极度混乱，而且似乎是“加密”的。解开这个复杂的化学密码，需要非凡的智慧和巨大的想象力。试想一下，一个侦查人员手里拿着一份重要的加密文件以及解开密码的方法。他迫不及待地把两张纸都放在一起，准备阅读这份秘密文件。但是，当开始着手解密时，他突然发现自己被骗了：解密方法并不正确。有些符号显然被混淆了，有些符号则根本不存在：解密方法里只有20个符号，而不是字母表上的26个字母对应的26个符号。假设，第一个是a，那第二个是什么，是b，还是c，还是d呢？根本猜不到。这些空白和缺失的符号让整个密钥变得毫无用处，因为无法确定这些符号分别对应的是哪些字母。当门捷列夫探寻周期律时，他也遇到了同样的困境。

他根据相对原子质量对元素进行了排列。但他不知道的是，有些元素的相对原子质量计算得并不准确。在当时的研究方法下，错误是不可避免的，而发现这些错误已经是多年以后了。这些元素在门捷列夫的“纸牌”方阵中拿着假身份证，站在不属于自己的位置上。而正是因为这个原因，元素的自然序列扭曲了，元素组或族被破坏了，受到了“外人”的污染。

而那些“缺少的密码符号”则引起了更大的混乱。门捷列夫只知道63种元素的存在。但他不知道，自然界中是否还存在其他没人知道的元素。想想那排穿着各色衣服按身高排列的人。想象一下，有五个或十个人悄悄地溜走了。然后，一切都乱了，所有颜色都搅和在一起，原来有规律的交替现象不会再出现。同样的情况可能也会出现在元素序列中。门捷列夫把所有已知的元素弄进他的表中，但是这些元素却像没受过训练的士兵一样，扎堆聚在一起，没有队形。门捷列夫不愧是天赋异禀的科学家，他凭借自己的才能，把那些元素赶回了它们真正的位置。凡有混乱的地方，他都坚决地予以纠正。

例如，排在第四位的是硼元素，排在第十一位的是铝元素，排在第十八位的是钛元素。它们的间隔似乎是正确的——正好是六个元素，一个完整的周期。但就其性质而言，钛在硼和铝这一族中明显是一个“局外人”，它更适合在相邻的碳族中。门捷列夫决定把钛从18的位置上挪走。他说：“这里一定有一种我们还不知道的元素，跟硼和铝差不多的元素！”门捷列夫在这个地方留了一个空格。跳过它之后，钛就到了碳的族群中。继它之后，其他元素按照相对原子质量的递增顺序排队，队形便不再混乱了。

有了这些空格的帮助，门捷列夫成功地让元素固定在自己的位置上，不再破坏整个表的顺序。然而，门捷列夫并没有让这些空格真的完全空着，他用自己臆想的新元素填满了它们，并给它们起名为类硼、类铝、类硅。他预测了这些自己想象出来的未知物质的性质，甚至描绘了它们的外观、相对原子质量，以及它们与其他元素形成的化合物。

在这些预言中，没有巫术，也没有超自然的东西，因为空格中的未知元素并不是孤零零地立在那里。它们位于表格中的固定位置，处在相似的元素中间，虽然世界上没人见过这些东西，但是可以很容易地推算出它们的性质。门捷列夫之所以这样做，是因为他坚信自己所发现的周期律是正确的。但对其他许多化学家来说，这似乎是一种傲慢和自大的行为。“编造出根本不存在的元素，还给这些幽灵赋予不同的属性，然后把所有这些都收录进精密的科学课本中，这些课本讲的可都是真实的物质，有形的东西，无可争辩的事实！现在他这么做，成什么样子？这到底是化学还是巫术？是科学著作还是解梦书？还是预测未来啊？”谈到门捷列夫的自然系统和他所预测的元素时，大多数科学家都是这样的反应。然而，只有事实才能说服怀疑论者。

但随着岁月的流逝，门捷列夫表上的空格仍然空着，还是只有那些虚幻臆造的东西。没有人认真对待它们，甚至更糟糕的是，它们被遗忘了。

1875年9月20日，在巴黎举行的科学院常务会议上，伍尔茨（Wurz）院士做了演讲，并代表他的学生**勒科克·德·布瓦博德兰**（Lecoq de Boisbaudran）请求拆阅三个星期前交给科学院秘书的文件包。他们打开包裹，取出里面的信，当众进行了宣读。“前天，也就是1875年8月27日，”勒科克·德·布瓦博德兰写道，“凌晨3点到4点

勒科克·德·布瓦博德兰（1838—1912），法国化学家。

之间，我在比利牛斯山[1]皮埃尔菲特矿的闪锌矿中发现了一种新元素……”新元素终于来了！化学家们已经很久没有听到这样的消息了。多年来，勒科克·德·布瓦博德兰一直在用光谱分析法研究化学物质。终于，他的辛勤工作取得了巨大成功，他“抓住”了一束不熟悉的紫色光线，这是一条关于未知元素的线索。

8月27日晚上，他分解了几滴锌盐溶液，并从中提取到了一个新物质的微观粒子。勒科克不敢马上向世界宣布。但是，万一有其他研究人员也发现了这个元素呢？他为了确保自己是首先发现者，急忙向科学院的伍尔茨寄送了一个密封包裹，把关于自己发现的消息写在其中。三个星期过后，他已经收集了整整一毫克这种新元素，也就是千分之一克！现在可以肯定地说，没错，这确实是一种新元素。

他想以自己祖国的名字来命名它，称其为“镓”（Gallium），拉丁语意思是高卢，法国古名。勒科克·德·布瓦博德兰写道，他会继续自己的研究，并向科学院及时通报自己的成果，他现在已经可以提供一些关于新元素的信息了：镓的化学性质与已知元素铝非常相像。

当巴黎科学院的会议记录传到遥远的彼得堡时，门捷列夫大吃一惊。这个法国人在比利牛斯山发现的东西，根本不是什么新元素！门捷列夫五年前就发现了它：它就是类铝！一切都吻合，一切都应验了，甚至是他的预言：类铝，是一种容易挥发的物质，以后一定会有人通过光谱分析法检测到它。那时候，这件事简直被认为是个奇迹。门捷列夫本人也很震惊，他的预言竟然如此辉煌地变成了现实。一封信立即从彼得堡飞到巴黎科学院。

门捷列夫写道：“镓就是我预言过的类铝。它的相对原子质量接近68，相对密度约为5.9。您研究一下，检查一下……”世界各地的化学家现在都在紧张地关注着巴

---

1 比利牛斯山，位于欧洲西南部，东起于地中海，西止于大西洋，分隔欧洲大陆与伊比利亚半岛，也是法国与西班牙的天然国界。

黎科学院的动态。这太有意思了：一位研究人员坐在彼得堡的办公室里进行了预测，而另一位研究人员在巴黎摆弄着烧瓶和试管，利用精确的测量和实验，证实了那位科学伙伴的预测。然而，关于镓的相对密度，他们发生了争执。当勒科克·德·布瓦博德兰分离出一块足够大的这种新物质，大概有十五分之一克重，他就测算出了它的相对密度等于4.7。“错了！”彼得堡的门捷列夫坚定地说道，“应该是5.9。您再检查一下，物质可能没有完全提纯。”布瓦博德兰用了一大块物质，再次检查了一遍。“是的，门捷列夫先生是对的，”他最后承认，“镓的相对密度实际上是5.9。”

这是“周期律”的第一次重大胜利。其他的胜利也紧跟着来了。两位斯堪的纳维亚[1]研究家尼尔森（Nelson）和克利夫（Cleve），几乎同时在稀有的硅铍钇矿物中发现了一种新元素。它被命名为“钪”（scandium）。他们刚一开始研究它的性质，立刻就明白了：这也是一个老相识——类硼，是门捷列夫周期表的第18号空格。

温克勒（1838—1904），全名克雷门斯·亚历山大·温克勒（Clemens Alexander Winkler），德国化学家。

但门捷列夫最辉煌的胜利发生在1885年，当时，德国人**温克勒**（Winkler）在希美尔福斯特矿的银矿石中发现了另一种新元素，并称它为“锗”（germanium），意为日耳曼，以此来纪念自己的祖国。这个锗元素非常准确地出现在门捷列夫表的第29个空格中，那里“暂住”的是类硅。这两种元素，即预测元素和真实元素，它们的性质非常吻合，甚至让人难以置信。

1870年，门捷列夫预言，以后将会在碳和硅族中发现一种新元素，它将是一种深灰色的金属。15年后，温克勒在夫赖堡附近的一个矿里发现了一种与碳和硅非常相似的元素，实验证明，它确实是一种具有金属光泽的深灰色物质。门捷列夫预测，它的相对原子质量约为72。15年后，温克勒用他的实验证实了相对原子质量就是72或73。

[1] 斯堪的纳维亚，一般指斯堪的纳维亚半岛，位于欧洲西北角，其濒临波罗的海、挪威海及北欧巴伦支海，与俄罗斯和芬兰北部接壤。

门捷列夫说："它的相对密度大约是5.5。"温克勒证实："5.47。"门捷列夫说："新元素的氧化物，即它与氧的化合物，很难熔化，即使在烈火中也无法把它烧熔，这种化合物的相对密度是4.7。"温克勒说："就是这样。"门捷列夫说："新元素的氯化物的相对密度约为1.9。"温克勒说："确认，1.887。"诸如此类。

第6节 "空白点"的终结

从那之后，元素自然系统得到了普遍的认可。每个人都开始接受：简单的物质不是偶然的自然现象，所有物质之间都存在着密切的联系和统一。

以前，化学家们从来不知道所有的元素是不是都被发现了，或者还可以期待发现更多具有绝对出乎意料性质的新元素。现在，多亏了门捷列夫，宇宙物质结构图变得无比清晰和确定。化学家们觉得自己对元素世界充满信心，就像现代地理学家面对遍布地球的海洋和大陆的感觉一样。

有了精确的地图，现在的地理学家就不会在纽芬兰[1]和爱尔兰之间的大西洋上寻找未知的岛屿，也不会在南美洲潘帕斯草原寻找山脉，他们知道，岛屿和山脉不在那里，也不可能在那里。同样，拥有门捷列夫周期表的化学家，也不会在钠和钾之间寻找新的碱金属，不会在钪和钛之间寻找新元素。因为不可能有这样的元素存在，这与

1 纽芬兰，即纽芬兰岛，意指"新寻获之地"，是北美大陆东海岸的大西洋岛屿。

周期律背道而驰。

根据元素周期表，化学家们或多或少可以判断出世界上有多少种元素存在。他们现在知道了，大概还有什么元素躲着他们，潜伏在地球偏远角落的稀有矿物中。物质世界中的“空白点”一个接一个地消失了，因为，现在人们知道，它们在哪里以及如何寻找它们。然而，一些相当大的惊喜还在后面。还记得我们在第3章讲过的神秘太阳元素氦吗?

那个东西怎么样了呢? 人们在门捷列夫的表格里找到它的位置了吗? 或者，就像对镓、钪和锗所做的那样，门捷列夫已经描述了这个“缺席”元素的性质? 并没有，门捷列夫不太相信太阳元素。他认为，那条未知的黄线是由我们熟悉的某种元素发出的，可能是铁或氧。门捷列夫还认为，在太阳的超高温和巨大压力下，元素发出的光可能与在地球条件下不同。后来，科学上难忘的一天到来了，氦之谜被彻底地解开了。还好，门捷列夫活到了那一天。当时，他认为自己遭遇了最大的失败，但事实上，正是在这一刻，门捷列夫赢得了他在科学上的最伟大胜利。

周期律的胜利让门捷列夫名扬世界。许多外国大学授予他荣誉博士学位，许多科学院和科学学会选他成为会员。英国科学家邀请他去伦敦做法拉第公开演讲，按照传统惯例，只有世界上最伟大的科学家才有资格做这个演讲。在英国，他还被授予了戴维金质奖章。

然而，门捷列夫的祖国，当时正处于残酷愚蠢的专制统治之下，在那里他并没有得到应有的认可。更糟糕的是，这位伟大的化学家还受到了沙皇走狗们的羞辱和欺侮。

在俄罗斯帝国科学院的选举中，门捷列夫落选了。此后，这位最有才华的俄罗斯科学家也从未被选为院士。后来沙皇政府的一位部长德利亚诺夫（Delyanov）将门捷列夫赶出了大学，因为门捷列夫“竟敢”替学生们向他转达请愿书，要求改革大学制度。有好几年的时间，这位世界闻名的老科学家甚至被夺走了实验室，没有办法进行他的科研工作。

但是，门捷列夫并没有把自己关在房间里闭门不出。他是一位满怀热血的爱国者，渴望为祖国的发展贡献出自己的全部力量和才华。但他提出的所有实际性建议几乎都没有得到回应。当时，高加索地区开始发展石油工业。门捷列夫认为，石油作为最有价值的化学产品，应该得到合理利用。他说，用石油来烧锅炉，等于是用纸钞来生火。他希望石油的开采和加工都要遵循科学规则。但那时很少有人听从门捷列夫的建议。矿场老板们更是肆无忌惮地开采和消耗石油，根本不考虑明天的事儿。

门捷列夫到处奔走劝说，告诫人们，俄国需要一个强大的化学工业。但是直到十月社会主义革命前夕，俄国也只有为数不多的几家化工厂，规模小，设备差。

门捷列夫一直梦想着探索平流层，有一天，他还自己乘热气球升到了空中，没有让飞行员跟着。他主张开发北极和大北海航道，还画了破冰船设计草图。在去过乌拉尔煤矿后，门捷列耶夫提出了煤炭地下气化的想法，他建议，在煤层中直接把煤转化为可燃气体，从而减轻矿工在地下的繁重劳动。

但他的伟大想法和设计方案并没有得到任何人的支持。沙皇政府的官员和资本家们关心的只有官衔、肥缺和获取暴利，而对国家的福祉和科学技术的繁荣，却很少有人感兴趣。直到门捷列夫去世多年之后，俄国发生了社会主义革命，从而变得焕然一新，这位伟大科学家的思想才第一次被付诸实践。

05 惰性气体

导读

王凤文

自舍勒和拉瓦锡以来，每个人都知道空气中有五分之四是氮，其余的是氧，当然，还有少量的二氧化碳和水蒸气。英国物理学家瑞利在密度测定实验中，利用两种方法：一是从空气中提取到“纯净”的氮气，二是从氨气中获得氮气。他发现来自空气的氮，竟然比来自氨气的氮要重一些，所测密度相差了“千分之一克”。

在科学家瑞利眼中，这“千分之一克”都是不能容忍的，他花了两年的时间去研究这个顽固的气体。经过大量精密的实验，准确、无可挑剔的测量，证实：“来自空气的氮，就是比来自化合物的氮要重。”这个谜团令瑞利寝食难安！查阅资料，早在一百年前亨利·卡文迪许曾在他最初关于空气成分的论文中，提到过从空气里提取的氮中有一种很重的杂质——一种不知名的气体。

瑞利决定重做卡文迪许的实验。此时，化学家威廉·拉姆齐在用另一种方式实验，他们均在空气中捕捉到了新气体，用分光镜做光谱分析实验，得到了三条全新的谱线，空气中竟然还有未知元素！并且这种物质在空气中竟然达到近百分之一的含量，众多的科学家苦苦寻找近一个世纪的新元素竟然存在于身边的空气中，这个发现在科学界引起了巨大的轰动！是什么原因让这个物质如此隐逸？科学家们做了太多“徒劳”的工作，证实了它的“惰性”。这种“不活泼”的元素因此得名“氩”！然而惊喜不断，拉姆齐在地质学家迈尔斯的建议下，开始对钇铀矿进行实验，并对收集到的气体进行研究，没能得到氩的化合物，却在光谱分析中惊奇地发现了一种“隐秘的”元素。经过物理学家克鲁克斯——一位伟大的光谱学专家鉴定，竟然是“太阳元素”——氦。普通的地球人已经把“遥远太阳上的来客”握在手里了。

氦和氩的出现，对门捷列夫的周期表似乎是个极大的挑战，当初门捷列夫没有认可

"氦"的存在，也就没有预留"氦和氩"的位置。似乎新的矛盾产生了。拉姆西和他的助手一起寻找氩和氦的"同族"，在普通空气中，发现了三种新元素，即氖、氪和氙，接着，他还发现了氦！氦、氖、氩、氪、氙五个相似的元素排在一起，列入元素周期表中，形成了一个完美的新序列，这样就彻底证明了门捷列夫周期律的正确性。新元素完善并捍卫了门捷列夫元素周期表的地位。

氦、氖、氩、氪、氙五种元素，从原子结构角度分析，它们原子的最外层都已经达到了"稳定结构"，与后来发现的放射性元素"氡"一起完美地填补在元素周期表中最后一列，单独占据一个元素族，叫作"零"族。形成的单质都是无色、无味、无臭的气体，性质非常稳定，因此曾被称为"惰性气体"。随着科技的发展，已经合成出了相应的化合物，证明它们并非绝对的惰性，现在常被称为"稀有气体"。

目前稀有气体有了广泛用途，氩气用于填充电灯泡，可以防止白炽灯丝燃烧得过快，延长使用寿命；氖气能发出美丽的红光，因而用于电光源；氦气密度小，又不燃烧，常替代氢气充入飞艇等飞行器或节日喜庆的气球中，避免燃烧或爆炸的发生。

在空气中，按体积分数计，氮气占78%，氧气占21%，惰性气体占0.94%，二氧化碳和水蒸气各占0.03%。

组成世间万物的元素种类达到118种之多，原子是构成物质的粒子之一。由于同位素的存在，原子种类要多于元素种类。**原子是化学变化中的最小微粒，反应前后原子的种类和数目不会改变。但是对于原子结构的研究已经更加深入，借助新的力量，一种元素的原子可能会变成其他原子。**

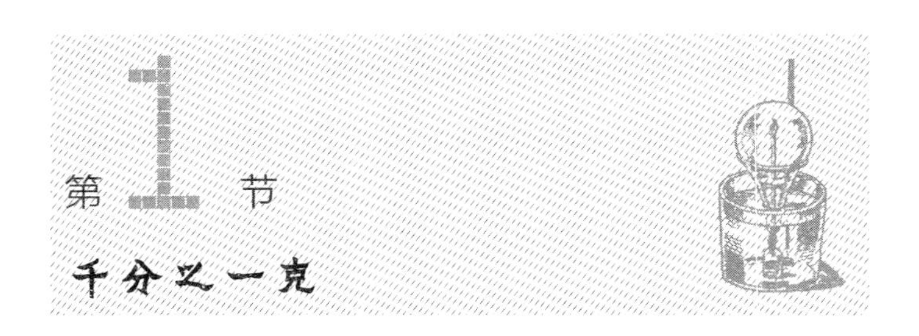

在本章中，我们终于要讲一讲太阳元素氦了。还记得吧，第一次发现氦的是天文学家。后来，又有物理学家参与进来，然后是化学家，甚至地质学家。这是一连串稀奇古怪的发现，充满智慧的猜测。事情是这样的：

瑞利原名约翰·威廉·斯特拉特（John William Strutt，1842—1919），尊称瑞利男爵三世，英国物理学家，因发现惰性气体，1904年获第四届诺贝尔物理学奖。

在19世纪80年代，英国物理学家**瑞利**（Rayleigh）做了一系列的气体实验。因为一些原因，他需要非常精准地确定每升气体的质量。这个质量就是气体密度。首先，瑞利称了最轻的物质氢，然后是氧，再然后是氮。瑞利尽力确保他的测量结果比之前物理学家得到的都更加精确。任何一个气泡，哪怕是极其微小的气泡，在称重时都不能漏掉。瑞利把能用的预防措施都用上了，以确保被称量的气体是完全纯净的，没有任何杂质。

从空气中获得纯氮倒并不难。自舍勒和拉瓦锡以来，每个人都知道空气中有五分之四是氮，其余的是氧。因此，只要除去空气中始终存在的氧气、少量二氧化碳和水蒸气，就会得到纯氮。瑞利就是这么做的。他让空气通过一系列化学捕集器，一个吸收二氧化碳，一个吸收氧气，第三个吸收水蒸气。瑞利模仿了家庭主妇们的做法，在冬天的时候，她们把一小杯硫酸放在内外窗框之间：酸会吸引水分，窗框之间的空气就会保持干燥，没有水蒸气。瑞利也用上了硫酸。不过，除此之外，他还使用了其他物质，这些物质可以把氧气、二氧化碳和水分从空气中完全提取出来。

这样，剩下的就是纯氮，瑞利称了它的质量。优秀的实验者，一定会再次检查一遍自己的实验成果，而不会偷懒不做。瑞利正是一个做事认真、考虑周到的实验家。也许其中某个捕集器没有发挥应有的作用，导致一些杂质悄悄漏进来呢；或者橡皮管上的某个地方有个很小的洞，甚至肉眼都看不见，但足够那些没有净化的空气从外部“溜进来”了。那么，怎么检查出来呢？为了检查实验成果，瑞利决定用另一种方法来提取氮，这次不是从空气中。如果两次提取气体的密度是相同的，那么一切正常，结果正确，工作做得认真，氮气很纯净，仪器也没有任何漏洞。瑞利认识一位化学家，名字叫**拉姆齐**（Ramsay），他建议瑞利从氨气中提取氮气。方法很简单，瑞利立即听从了这个建议。他从氨中提取了氮，并按所有规则进行了提纯和称重。

拉姆齐（1852—1916），英国化学家，因发现空气中的稀有气体元素并确定其在周期系中的位置而获得1904年诺贝尔化学奖。

但是，这两种气体，就是这两种“氮”，它们的质量竟然不匹配。想象一下，当时瑞利多么烦恼。从空气中提取的一升氮气的质量为1.257 2克。同样是一升氮，从氨气里提取出来，却重1.256 0克，少了千分之一克。一定是在某个地方，瑞利犯了错误，出现了不准确的数据。虽然只是一个小小的错误——才千分之一，但它终究还是个错误啊。瑞利开始检查他用的所有仪器，把容器、捕集器、管、泵、天平……一个接一个地检查了一遍，但是什么也没发现。然后，他再一次从空气和氨气中提取了氮气。把这两种气体细致地提纯，仔细地称重，但结果，它们的质量还是不匹配，依旧差了千分之一克。

瑞利做了三次这个实验，一次比一次认真仔细，但每次得到的都是相同的结果，就差千分之一克，相差太小了……本来可以忽视它，但瑞利不能这么做，不能轻视任何一个小错误。他很生气，这个小差异让他很恼火。他被氮气实验困住了，不能继续往前走。还有数十种有趣的新物理问题在等着他，可是他没法跑去处理它们，因为他还得费力去提纯那该死的氮，甚至都快变成了化学家。

当瑞利带着一种掩饰不住的嫌恶心情，看向那几张写着最后一次称重结果的纸时，他无意间瞥到了最新一期的科学杂志《自然》（*Nature*）[1]："我要投稿！"瑞利决定。于是，他马上给编辑部写了一封信，详细描述了自己在氮气实验上遇到的问题，并通过杂志向化学家们发出呼吁：有没有人能告诉他，究竟哪里可能出现了错误，怎么解释这种顽固的差异？瑞利把信寄出去后，就开始期待着回音。也许，化学家能把他从死胡同中解救出来。

第2节 重氮和轻氮

很快，回信开始来了。其中拉姆齐也给他写了一封。虽然化学家们给这位绝望的物理学家提供了一些十分精辟的建议，但可惜的是，这些建议并没有起到什么作用。气体质量的差异还是和以前一样存在。不仅如此，当瑞利改变实验条件时，这种差异反而变得更大了。于是，他谁的建议也不听了，只能靠自己去探索，为什么氮气有时重，有时轻。

瑞利花了两年的时间，去研究这个顽固的气体。能做的都做了！他甚至给"空气"氮气和"氨气"氮气通了电。还曾经把氮气放在一个密闭的容器里整整八个月。但电流和时间都不能改变它的性质。密度的差异还是一样存在。瑞利又试图从其他东

1 世界上历史悠久的、最有名望的科学杂志之一，首版于1869年11月4日。

西中提取氮气，包括从笑气、一氧化氮、尿中，他都尝试过。在上述所有情况下，所提取氮气的质量都跟从氨气中得到的完全一样。从空气中提取的氮，仍然比其他的更重。

后来，瑞利决定，试试用另一种方法从空气中提取氮。以前，它是让空气通过炽热的铜：金属燃烧后，带走了空气中的氧气，只剩下纯氮。现在，瑞利不让空气穿过铜了，而是通过热铁和其他能够吸收氧气的物质。但这样做，也没有改变空气氮的密度，它仍然比氨气氮更重。瑞利已经做了几十个实验，但还是没有看到任何希望。他觉得自己撞上了一堵高墙，这面墙既没有办法穿透，也没有办法绕过去。但至少，现在瑞利知道，他并没有犯错，没有出现任何的计算错误。这不是实验者的错，而是大自然的问题。

至少这一点已经非常清楚了：来自空气的氮，确实比来自化合物的氮要重一些。但为什么呢？怎么可能同样的一种物质有不同的质量呢？这个问题仍然是个谜团，一个令人不安的谜团。

1894年4月，瑞利向伦敦皇家学会报告了自己对氮的研究。会后，化学家拉姆齐找到他，表示愿意提供帮助。拉姆齐说：“两年前，当您给《自然》杂志写信时，我还不太理解，为什么您会得到这种偏差。现在，我明白了：从空气里提取的氮中有一种很重的杂质，一种不知名的气体……如果您不介意的话，我想试着继续您的研究。”

瑞利当然同意了，但一想到这种未知的气体，他就觉得不可思议。成千上万的研究人员对空气进行了无数次的分析，但在空气中都只找到了氧和氮，还有少量的二氧化碳和水蒸气。怎么可能还会有新气体呢？瑞利又问了问他在皇家学会的另一位物理学家朋友杜瓦（Dewar）。“看看旧档案吧！”杜瓦对他说，“我记得，亨利·卡文迪许也说过，空气中的氮并不是单质。”“卡文迪许！”瑞利很惊讶，“一百年前？”“是的，”杜瓦确认道，“好像，在他最初的某篇关于空气成分的论文中，提到过这点。您去找找看。”“我今天就去找！”瑞利说。看来，人家已经领先一百年了！

第4节 亨利·卡文迪许的实验

18世纪下半叶，伦敦有这么一个孤僻古怪又胆小的人，他的名字叫亨利·卡文迪许。他非常怕见人，每当别人找他说话时，他就会脸红，尖叫一声，然后跌跌撞撞地跑开。如果鼓起勇气回答别人的问题，他也会像个小孩子一样结结巴巴，颠三倒四，还有些难为情。卡文迪许经常躲在自己的大房子里，虽然房子不是很舒服，但他也不愿出去在社交场合露面。这个内向沉默的人只有一个爱好：研究科学，探索自然。在半个世纪的时间里，卡文迪许日复一日地工作，既不知道娱乐，也不知道休息，更不知道过节放假，他夜以继日地工作、计算、做实验……他发现了水的成分。他是第一个计算出地球质量的人。他与舍勒和拉瓦锡同时研究出了空气的成分以及氧和氮的性质。

出于谨慎，也由于多疑和不自信，卡文迪许并没有急于公布自己的实验结果。因此，还有很多东西尘封在他的档案里，甚至有些东西都被遗忘了。而几代人之后，约翰·瑞利一连好几年都在探索“重”氮的谜团，他没想到的是，只要翻看一下1785年皇家学会那份发黄的“记录”，自己所有的困惑就能一下子全都解开了。

在那本档案中，卡文迪许是这样描述自己的实验的。他让人造小闪电——电火花，通过一个充满空气的玻璃管。在电的作用下，空气的两个组成部分——氮气和氧气发生了化学反应，彼此结合在一起，产生了一种令人窒息的新气体。卡文迪许把这种气体从管子里抽走——就是用一种特殊的溶液吸收它。但是空气中的氧气只是氮气的四分之一，所以，一会工夫，所有的氧都用完了，管子里只剩下氮气。然后，卡文迪许往管子里加了纯氧，又开始通上电火花。这样到最后，氮几乎全部与氧结合，并生成了那种令人窒息的新气体，然后被碱溶液吸收。

然而，还有一个极小的氮气泡固执地留在管子里，没有被碱液吸收，卡文迪许往里面又加了很多氧气，然后通上电火花，但都是徒劳，那种令人窒息的气体再没产生。一个扁豆大小的氮气泡漂浮在溶液上方，固执地不与氧气化合。卡文迪许写道：“从这次实验中，我得出结论，空气中的氮并非单质，它的1/120与自己的主要部分不同。因此，氮并不是一种单质，而是两种不同物质的混合物。”[1]

当瑞利读到这个地方时，他抱着脑袋，冲进实验室，想要重做卡文迪许的老实验。

---

1 卡文迪许当时还是燃素学说的支持者，他把氮气称为“燃素气”。

第5节 空气是由什么组成的

与此同时，瑞利在皇家学会的同事，化学家威廉·拉姆齐，也没有浪费时间。他的想法很简单：如果空气中有某种我们还不知道的杂质，那么，只有一种方法可以探测到它：取一定量的空气，然后按顺序提取出所有成分。如果提取完所有成分之后还剩下什么，那就意味着空气中确实有某种未知的气体。拉姆齐让空气通过一系列的化学捕集器，很容易就分离出氧气、水蒸气和二氧化碳，还剩下氮气。拉姆齐为它做了个捕集器。几年前，他在一次讲课时偶然发现，炽热的镁末能很好地吸收氮，就是那种在摄影师拍照时瞬间燃烧的金属。现在，拉姆齐用上了这个偶然的发现，他把氮气吹到在炽热的镁上，第一次让氮气通过装着镁的小管子。大部分气体被吸收了，还有一小部分逃过了。他又把剩下的那部分氮气赶到了烧红的镁屑上，剩下的气体更少了。气体第三次通过管子后，他对剩余气体进行了称重。怎么样呢？结果显示，它比大气中的普通氮要重得多。普通氮的质量是氢的14倍，而这种气体的质量是氢的14.88倍。

欣喜若狂的拉姆齐又让它通过一次镁管。又有一些气体被捕集器吸收了。一次又一次，气体越来越少，但是密度却越来越大。从16涨到了18，然后停在了20。正好这时，气体已经不再被捕集器吸收了。很明显，所有的氮都被捕获了，剩下的是一种很重的未知杂质，它不受镁的影响。整整一个夏天，拉姆齐都忙着让空气一次次通过捕集器，直到他收集到了十分之一升的新气体。

而瑞利重复了卡文迪许的老方法，但进展较慢：到1894年夏末，他只收集到了

0.5立方厘米这种重杂质。但重要的是，虽然这两位研究者使用了不同的方法，但是得到了同样的结果！现在，只差问问万能分光镜的“意见”了。他们给玻璃管焊上电极，注入这种新气体，然后释放电流。气体发出美丽的冷光。它的光谱里有红、绿、蓝三条线，都是光谱学家从没见过的新谱线。

1894年8月13日，瑞利和拉姆齐来到牛津，当时那里正在举行英国自然科学家大会。这两位科学家请求做一次临时发言。“我们发现了一种新元素。”他们说，“它就在我们周围，无处不在。它和氧气、氮气一样都是空气的组成部分，就在我们呼吸的空气中。”

第6节 隐逸元素

瑞利和拉姆齐的报告，让牛津的科学家们极为震惊，就算炸弹在他们头顶上爆炸，也不会引起那样的轰动。空气中竟然还有一种未知元素！在世界各地的每一个实验室，每一个大学教室里，都有大量的这种未知物质，但是谁都没注意到过！整整一个世纪以来，研究人员一直在世界各地收集特殊矿物，想要找到仍然躲避着化学家们的最后几种稀有元素。谁想到，在他们手边就有一种未知物质，他们却忽略了！怎么会这样呢？要知道，空气中这种新气体的量可并不少，每100升空气中就有一升。

当卡文迪许第一次发现它的踪迹时，人们才知道，世界上存在两种不同的空气：“活”空气和“死”空气。当时，氧气和氮气都还是新奇玩意呢。因此，那时所有人，甚至卡文迪许本人，都没有重视这个毫不起眼的小气泡，虽然那个小气泡并不是在所有方面都像氮气。但是，为什么在之后漫长的百年时间里，化学家们都没有注意到空气中的氮是两种气体的混合物呢？他们对空气做了上千次分析。任何一个学生或实验员，甚至化工厂的熟练工人都能做这种实验。化学家们计算空气中氧气和氮气含量时，曾经计算到了百分数位。他们精确计算出，空气中含有0.03%的二氧化碳。即使是含量更少的氢气，他们也能在大气中找到，要知道，它的含量还不到百万分之一呢！而这种新气体，含量竟有百分之一，他们却错过了这么久。为什么呢？因为这种气体无色，无味，完全没什么表现，一直沉默不吭声。它悄悄地跟着氮气到处游走，毫无声息，装作完全不存在的样子。

这个新元素没有与其他元素产生任何化合物。要知道，世界上所有的物质，都处在永恒的变化中，一直都在发生各种各样的化学变化，而它却不受影响。它是个隐逸的元素，孤独的元素。它对任何化学作用都无动于衷。完全不积极，不主动，不活泼。因此，它被称为“氩”（argon），在希腊语中是“不活泼”的意思。

氩

拉姆齐曾经把它和最活跃、作用力最强的物质混合在一起。他试着把它和窒息性气体——氯结合起来，要知道这种气体可是能让金属生锈，能使油漆褪色，能把织物和纸张腐蚀成一堆碎屑的。但是氩和氯没有发生任何反应。人们又想把磷在氩气中点燃。磷是一种有毒物质，会灼手，在空气中会与氧气化合，然后发生自燃。但氩气对它依旧无动于衷。无论是用火，还是用冷，或是电，或是强酸，都没有办法让氩气发生任何化学反应。所有的东西都会被它弹回来，不会留下任何痕迹，也改变不了它的哪怕一个小小微粒。

拉姆齐和其他化学家怎么都接受不了，怎么会有这种对什么都不起反应的奇怪物质。它一定能产生某种化合物！连贵金属——金和铂，虽然在水中或空气中不生锈，也不溶于酸，但能够与某些物质化合，产生几种化合物！难道这个氩比世界上其他所有物质都可望而不可即吗？拉姆齐和他的助手一次又一次地将各种化学试剂注入装着氩气的容器里，他们试过了几乎所有的简单物质及多种复杂物质。在紧张的工作中，时间总是过得那么快，几天、几周、几个月转眼就过去了。但一切都是徒劳的，氩气并没有屈服。

第7节 矿物气体

有一天，拉姆齐在皇家学会做了关于氩气的实验报告之后，收到了地质学家迈尔斯（Myers）的一封信。迈尔斯虽然没有出席报告会，但很显然，他听说了报告内容。“我不知道，”迈尔斯写道，“您有没有试过把氩气和金属铀结合起来。如果您还没这样做，我觉得，您应该试试。几年前，美国地质学家希勒布兰德就曾经指出，如果在硫酸中加热钇铀矿的铀矿石，就会有大量气体从中释放出来。希勒布兰德认为这种气体是氮。但是，也许那里也有氩气？我认为，这个问题值得核实一下，也许，说不定，钇铀矿的成分中包含铀和氩的化合物呢？”

迈尔斯的建议，在拉姆齐看来，有一定的道理。但从哪儿能取得钇铀矿石呢？这种矿石非常稀有，十分昂贵，只有在挪威才能找到。于是，拉姆齐拜托了一名伦敦商人朋友帮忙寻找。幸运的是，他用18先令[1]从一个矿物商人那里买到了2盎司[2]。拉姆齐的助手立即把它扔进了硫酸中，进行加热。钇铀矿石泛起了泡沫，散发出气体。但拉姆齐忙于其他实验，并没有对它进行深入研究，而是把这个气体储存在了一个密闭的容器里。

一个半月过去了。这段时间，拉姆齐又做了几次实验，想得到氩的化合物，但都没有成功。终于，他的耐心耗尽了，他想明白了，这个物质太稳定了，太消极了，自己对它无能为力了。但是，在承认自己被打败之前，拉姆齐决定把从钇铀矿石里得到的气体拿出来，做最后一次检查。首先，应该了解一下，这个气体是不是像希勒布兰德所说的那样是氮气，或者是氩气。拉姆齐的助手弄了一些镁屑，把它们烧得通红，然后让这种气体通过它。如果这是氮气，它就会被捕集器捉住：镁应该会把它吸收。但是，这种气体几乎从捕集器中全身而退。可见，希勒布兰德错了。

拉姆齐随后前往实验室的暗室，想看看这种气体产生了什么样的光谱。他拿起一根小管子，管子的两端各焊着一块金属电极，他用泵把里面的空气抽了出来，然后把那种新气体注进去，通上电。管子里的气体立刻亮了起来。拉姆齐看了看分光镜，可以看到许多不同颜色的浅色线条，包括一条非常明亮的黄色线条。“钠！”拉姆齐想，“也许，镁屑里有钠的杂质。这个东西，你永远也摆脱不掉它……”为了搞清楚这个复杂的光谱，拉姆齐在另一根管子里装满了纯氩气，也通上电。这样，他在分光镜里看到了两根管子的光谱，可以进行比较研究了。

在这两个光谱中，有许多线是一致的。在纯氩气的光谱中也可以看到一条黄色的

---

1 先令，英国的旧辅币单位，1英镑=20先令，1先令=12便士，在1971年英国货币改革时被废除。

2 盎司，既是质量单位又是容量单位。作为质量单位，1盎司=28.350克。

线，但更弱一些。显然，第二根管子里也有一丁点儿钠。但不知道为什么，第二根管的黄色钠线躺在钇铀矿气体黄色线的旁边一点。拉姆齐重新调整了分光镜，转动了管子，想让两条线合到一起。但它们依旧留在原地。那两条线虽然离得很近，但还是没有合二为一。

“我们的分光镜坏了。”拉姆齐对助手说。他打开灯，拆开仪器，仔细地擦了擦三棱镜，但并不管用。重新装好分光镜后，拉姆齐又看到，两根黄色钠线还是分开的。这是什么怪事儿？自本生和基尔霍夫以后，所有的化学家和物理学家都知道，钠线在光谱中占有一个严格固定的位置。即使从世界各地取一千个钠的样本，无论在哪里研究它们，它们都会产生相同的黄线，同样的光谱。那么，为什么在这里，在伦敦大学的实验室里，钠线不在一起呢？

拉姆齐在分光镜旁一动不动地坐了好几分钟，眼睛盯着那根发出金黄色冷光的气体管。实话说，找到解释并不难。拉姆齐已经找到了。他只是担心，这种解释或许太大胆，太冒险了。他不敢相信自己会这么顺利。为什么不假设一下，这个管子里除了氩气还有别的东西呢？还有一个未知的新元素？

这时，拉姆齐的脑海里，闪过一个现成的名字——“氪”（krypton），在希腊语中，它的意思是“秘密的，隐秘的”。拉姆齐立即开始着手验证自己的猜测。他在暗室里待了好几个小时，甚至都忘记了时间，也没感觉到疲劳。他研究了钇铀矿气体的光谱，并把它与氩、氦、钠的光谱进行了比较。但他那可怜的分光镜并不能解决这么复杂的问题。最后，拉姆齐决定求助于他的朋友——物理学家克鲁克斯，一位伟大的光谱学专家。他给克鲁克斯邮寄了一个装有氪气的管子，让他研究一下这个气体的光谱。那是1895年3月22日的晚上。

第二天早上，邮递员来到实验室，把拉姆齐从暗室里叫出来，递给了他一封电报。克鲁克斯说：“氪就是氦。来吧，你来看一看。”拉姆齐去了，他看到来自钇铀矿气体的黄线和太阳光谱的神秘黄线——氦线完全吻合。也就是说，地球上也发现了太阳物质。

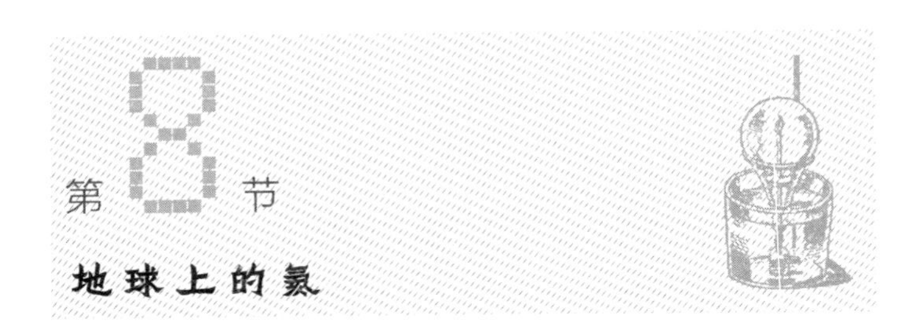

第8节 地球上的氦

氦元素的发现历程，是如此艰难曲折。起初，天文学家怀疑太阳上存在一种未知元素。后来，瑞利完全没想过太阳物质，只是为了验证一个古老的假说，他便开始称量气体的质量，包括氢、氧和氮。他只想尽可能准确地知道，每种气体每升的质量是多少，仅此而已。而正是因为这些实验，人们想起了遗忘已久的卡文迪许实验。最后，瑞利和拉姆齐携手合作，在空气中发现了一种很重的杂质——奇怪的气体——氩气。拉姆齐也完全没想过太阳物质，他开始研究氩气的性质，然后发现，它是一种非常消极、对其他一切都很冷淡的物质。

当地质学家迈尔斯引导他寻找稀有矿物钇铀矿时，拉姆齐所希望的只是，他最终会在这里找到氩的第一种化合物，没想过别的。他从钇铀矿中提取了气体，而这种气体希勒布兰德五年前就研究过，但那时他也没有怀疑过什么。现在拉姆齐看出，这不是氮气，也不是氩气，但他并没有马上猜到这是什么。只有物理学家克鲁克斯第一个意识到，这种新气体就是27年前天文学家在太阳中发现的那个元素。

现在，普通的地球人已经把这位“遥远太阳上的来客”握在手里了。他们从各个角度对它进行探索、实验、研究。那么它有什么奇妙的特性呢？许多人都对它的发现史惊叹不已，于是，暗暗希望它是一种非同寻常的物质，与其他已经发现的任何物质都不一样。

但结果并没有什么奇妙的事情发生。人们很快就发现，氦和氩一样，都是一种“惰性”气体。它无色，透明，无味，无臭，而且像氩气一样，顽固地不愿产生化学反应。只有一点与氩气大不相同：它比氩气轻得多。氦是世界上最轻的物质之一，仅次于氢。

第9节 新发现

在科学大获全胜的这些日子里，门捷列夫在25年前建造的那座庄严建筑却摇摇欲坠。拉姆齐本可以挑战门捷列夫，宣布他的系统不再适用了。他有充分的理由这么做，因为元素周期表中没有这些新元素的位置，没有氩气和氦气的序列。如果按照相对原子质量把它们塞进其他元素紧凑拥挤的序列中，表中秩序就会被打破，发生混乱。

有一些化学家试图找到摆脱这种局面的办法，于是他们想证明氩和氦根本不是新元素。他们认为：“它们只是氮的变种。大家都知道，确实有一些元素是以几种不同形式存在的。例如，碳有三种存在形式：炭、石墨和金刚石。氧有两种形式。为什么不能假设氮也有不同的形式呢？”

但拉姆齐本人对此有不同的看法。他说：“我们还没有完全解开元素的秘密，必须继续寻找，因为可能还有更多类似于氩和氦的元素。它们将一起构成一个新的元素家族，一个新的序列，这个元素族将整个被列入门捷列夫表中。新的发现，并没有推翻元素周期表，也不会推翻它，相反，周期表会变得更完整，更精细。”于是，拉姆齐和他的助手一起开始寻找氩和氦的“同族”新元素。他们研究了150种稀有矿物，20种不同的矿泉水，甚至还想在陨石中找到新元素的踪迹。在普通空气中，除氩气外，拉姆齐又发现了三种新元素，即氖、氪和氙，接着，他还发现了氦！这五个相似的元素排在一起，列入元素周期表中，形成了一个完美的新序列。这样就彻底证明了门捷列夫周期律的正确性。

但是，为什么拉姆齐没有立即从空气中分离出这五种元素呢？为什么他一开始只注意到氩气呢？因为空气中的氩气够多，每100升中就有一升，而氦、氖、氪、氙的量则很少。每呼吸一次，我们就会吸入大约5立方厘米的氩气（大约半汤匙），而吸入的氖气大约只有氩气的1/500，氦气则大约是1/2 000，氪气约为$1/10^4$，氙气约为$1/10^5$。[1]

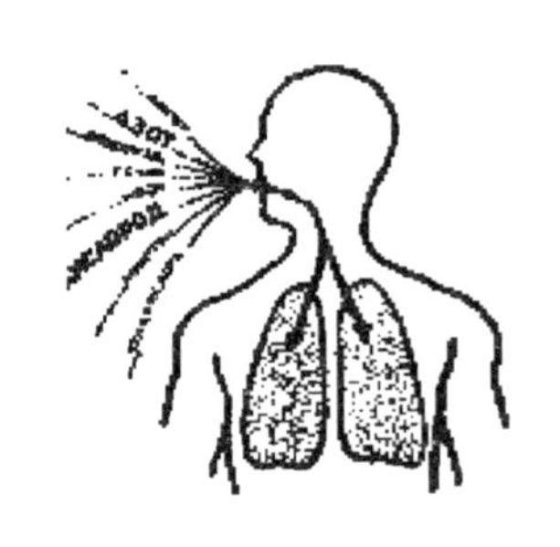

科学技术为这些稀有气体找到了用途。用氩气填充电灯泡，可以防止白炽灯丝燃烧得过快。在这种毫无生气的不活泼气体中，不说难熔的金属，就是易燃的煤油，也永远不会被点燃！要说用来填充灯泡，用氪和氙还要更好些呢。填充了这种气体的电灯，可以说是经久不坏，能够使用很长时间。

氖气也被用在电气照明里。只不过，不是用在普通的灯里。您见过莫斯科地铁站上方的红色灯管吗？那里边就充了氖气。当给灯管通电时，这种气体就会发出美丽的红光。

---

1 当然，虽然所有这些气体都会进入我们的肺部，但是却不会对它产生任何影响，毕竟这些气体对所有物质都毫无所动，从而避免了一切化学变化。

氪

而质量极轻的氦，对于飞艇制造者和平流层飞行员来说，用处可不小。他们把氦充入飞艇和平流层飞行器，让它们飘浮在空中。氢也有同样的用途。虽然氦确实比氢要贵，也比它重，但氢是可燃物。哪怕一个火花，就能让整个巨大的飞行器像火炬一样燃烧起来。而用氦气的话，就不用担心发生火灾：氦气和氩气一样，即使你想在里边点火，即使把世界上所有最易燃的物质都放进来，它都燃不起来。

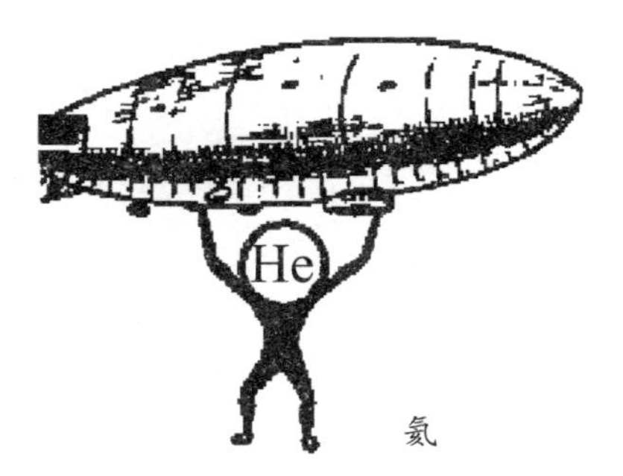

氦

第10节 元素可以分解吗？

当氩和氦被发现之后，许多科学家都认为，物质的奥秘已经彻底解开了。门捷列夫表几乎全部填满了，大部分元素都找到了。数十万种复杂物质的转化已经研究得很透彻了。似乎现在一切都清清楚楚，明明白白。大约一个世纪前，也就是18世纪末，舍勒、拉瓦锡和其他研究人员刚刚开始探索万物是由什么组成的，对这个问题，到这个时候任何一个化学家都能给出一个完整准确的答案。

大约有80种元素构成整个宇宙。它们已经被化学家研究得非常透彻，正是这些元素，构成了星星和太阳、地球和人类、岩石和植物。无论我们分解什么物质，都会

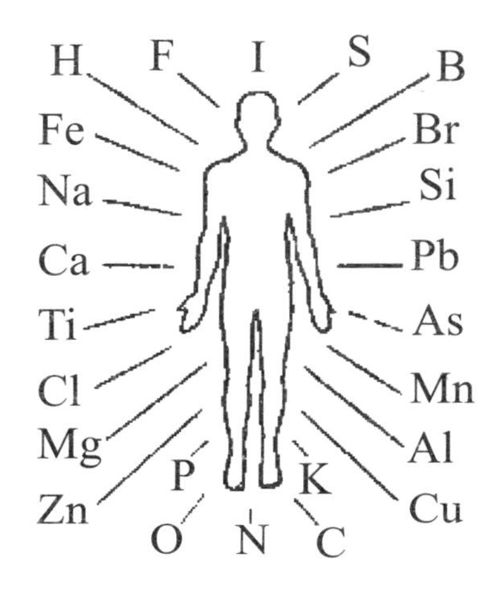

在其中发现同样的简单成分——元素。一种复杂的物质可能含有两种元素，或三种、五种、十种，但无论何时何地，这些元素都是一样。甚至在从宇宙空间飞来的陨石里，在人体里，在宝石里，以及在路旁的黏土里，除了这80种元素之外，什么也找不到。

而元素呢？还能把它们分解成更简单的东西吗？"不能！"对这个问题，19世纪末的学者们都会坚决地否认，"没有什么比元素更简单的了。这已经是极限了。"无论是在自然界，还是在实验室、工厂，不管什么时候在什么地方，都再也没人看到元素分解成更简单的成分了。能变化、分解和消失的只有复杂物质，而元素呢，它们不会消失，不会分解，也不能转化成其他元素。它们是永恒不变的。世界上的铁、铅、氦，100年前有多少，现在还是有多少，100年后也还是会有那么多。因为元素物质的任何一个小微粒，任何一个原子，都不可能消失或者发生变化。

每种元素都是由相同的原子组成的。原子是不可分割的，它是物质的最小微粒。不同元素的原子，可以以不同的方式结合在一起。同样的氧原子可能存在于构成人脑的物质中，存在于地球的尘埃中、矿石中、海洋中，也存在于雷雨云团中。它可以环游世界1 000次，参与化学变化1 000次，但它自身既不能消失，也不能改变，因为元素的原子是永恒不变的。这就是19世纪末化学科学的说法。

这是一个非常有逻辑、有说服力的学说。直到这里，在本书中您读到的所有伟大的元素探索者，都支持这种说法。但现在你们即将看到的是，人们是怎样又做出了新发现，而这些发现却把上边那种学说推翻了。

06

看不见的光线

导读

王凤文

“伦琴射线”神奇的透射功能，在常人眼中是惊奇和有趣的，在医生眼中是诊病的工具，在物理学家眼中则是值得研究的谜题。

伦琴用克鲁克斯管做研究时，发现了看不见的“X”射线（因未知和不确定而命名）。产生这些射线的地方，总是能看到强烈的磷光。贝克勒尔为了寻找发光最强的磷光物质，转去研究铀盐。结果发现，X射线和磷光之间其实没有关系，但他又发现了一种新的射线——铀射线。当他和特罗斯特更仔细地进行实验时，才发现，磷光物质（如果它们不含铀）根本没有对照相底片起作用。但这个错误来得很凑巧。正是由于这一错误，贝克勒尔发现了“铀射线”，为后面带来了更惊人的发现。

铀射线在许多方面都与X射线非常相似，都是看不见的，都能让空气带电。但是铀射线并没有像X射线那样轻易地穿过各种障碍。铀射线虽然能够穿过包在摄影底片外边的厚厚黑纸，能够穿过铝板薄片。但是，要“穿透”人体，穿过门和薄墙，铀射线却做不到，而X射线却是可以穿过这些障碍的。利用X射线照相，可以得到非常有趣的照片。而铀射线，只有物理学家才知道它们实际上比X射线神奇多了。到底有多神奇呢？

原来，铀和它的化合物能够自发释放那种看不见的射线，没有光照，没有加热，没有通电，但它们日复一日、年复一年不知疲倦地释放某些射线、某种能量。射线的发射一分钟也没有停止过。而发出射线的那些物质，从表面上看却完全没有变化。这真是个奇迹，既让人惊讶，又无法解释。当然，今天我们称这个奇迹为“放射现象”。能产生放射现象的物质具有放射性。

放射性元素从不稳定的原子核自发地放出射线（如α射线、β射线、γ射线等），而衰变形成稳定的元素停止放射（衰变产物），这就是放射性。衰变时放出的能量称为衰变能量。原子序数在83（铋）或以上的元素都具有放射性，但某些原子序数小于83的元素（如43号锝和61号钷）也具有放射性。

从小有着科学家梦想的波兰女孩玛丽，大学毕业之后与法国物理教授皮埃尔·居里结为夫妻，从研究“铀射线”开始走上科学研究的道路，他们自制射线检测仪，从学会快速检测铀射线并精确测量它们的强度，做起一次次的物质检测实验，终于迎来了第一次胜利！发现钍和钍的化合物也能产生射线，铁、铅、锰、碳、磷的化合物则不能。

居里夫妇去研究铀化合物，发现有两种铀矿物——沥青铀矿和铜铀云母，在电路中产生的电流强度要比纯铀高得多！在这些矿物中，是不是还隐藏着其他可以发出辐射的元素呢？会是什么元素呢？

居里夫妇一直在这块沥青铀矿中追寻着那个难以捉摸的“东西”，就像顽强的猎人在无边无际的原始森林里追捕罕见的野兽一样。他们凭借研究者的敏锐和居里电流计上的读数，摸索着往前走，就像本生在杜尔汉矿泉水中寻找蓝色物质时一样。只是对于本生来说，指引他前行的是“蓝色光谱线”，而对于居里夫妇来说，则是那种未知物质发出的“无形射线”。

终于有一天，居里夫人向世界发布了一种类似于“铋”的新元素，并以自己祖国的名字命名为“钋”（法语意思是波兰），这种元素能够自行发射非常强烈的不可见射线。同时，他们在沥青铀矿中还发现了另一个未知元素，它能释放出更强大的射线。其化学性质很像金属钡。居里夫妇把它命名为“镭”（radius），是拉丁语“射线”的意思。

为了收集足够多的纯镭以便对它进行研究，居里夫人在整整一吨的铀矿石中，提取到了0.3克镭，她也因此成为历史上第一个获得诺贝尔奖的女性。

镭的提取和放射性的研究成果推动了放射化学和医学的发展，给化学元素的发现带来了光明。多种放射性元素相继被发现，填补了元素周期表的空白！

第1节 威廉·伦琴的发现

威廉·康拉德·伦琴(1845—1923)，德国物理学家，1895年发现X射线，为开创医疗影像技术铺平了道路，1901年被授予诺贝尔物理学奖。

1896年年初，世界上所有的大学和科学院都被一个消息轰动了：一位鲜为人知的德国教授，**威廉·康拉德·伦琴**，发现了一些具有非凡性质的新射线。

这种射线，人类的眼睛看不到它们，但它们却能对照相底片发生作用。有了它们的帮助，即使在漆黑一片的地方，也能拍下照片。此外，这些射线的存在，还可以通过下面这种方式得到证实：在射线的路径上，放置一个涂有特殊化学成分的纸屏或玻璃屏。然后，这个屏就会开始发光，发出磷光。最令人惊讶的是，这些射线可以自由穿过任何物体，就像光线透过玻璃一样。它们穿过紧闭的门，穿过不透气的隔板，穿过衣服和人体。如果用手挡住它们的去路，在发光的屏上就会出现黑色的骨骼轮廓——一个骷髅手，手指还在动呢！

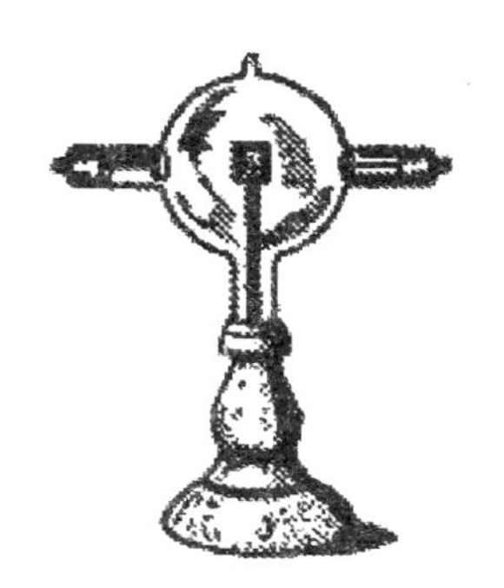

高贵的绅士们，虽然齐整地穿着大礼服和浆过的硬胸襟衬衣，但还是可以在屏幕上看到他们的肋骨、脊柱以及整个骨架的影子，甚至背心口袋里的手表，或者裤子钱包里的硬币。马上就有一些人想到了新射线的实际用途。例如，在得知伦琴发现这种射线的第四天，美国一位医生就开始使用这种射线，来确定子弹是否留在伤者身上。但相对于医生来说，物理学家对伦琴的发现更感兴趣。物理学家想知道，这些射线是什么，它们在本质上是否与普通的光相似，它们是如何产生的，究竟是什么导致了它们的出现。那段时间，人们争相谈论伦琴做出这一发现的细节：他在实验室里研究克鲁克斯管中的现象。这种管就是一个被抽出些空气的玻璃管。在它的内部，两端各焊接着金属电极。如果把它通上电，在管子的稀薄空气里，两个电极之间就会发生放电现象。此时，空气和管壁发出冷光。

有一次，伦琴在克鲁克斯管旁边放了一包未显影的照相底片，用黑纸包着。后来，当他想要洗出底片的时候，才发现底片已经走光了。这种情况发生过不止一次，完好无损的新底片，即使用黑纸紧紧地包着，但是如果把它们放在克鲁克斯管附近，底片就会受损。克鲁克斯本人和其他研究这种放电管的人，早在伦琴之前就注意到了这一点，但他们没有重视。底片又走光了。“好吧，那就把它们放远点。”他们是这么做的。但伦琴对此并不满足，他开始做实验，想看看究竟是怎么回事。

有一天，伦琴把克鲁克斯管用黑色纸板从外面包上，然后用它做研究。当他离开实验室时，把灯关掉了，但是突然想起，自己忘了断掉连接在克鲁克斯管上的通电线圈。他连灯都没开，就赶忙回到桌子前，想纠正自己的错误。这时，他注意到，在旁边的一张桌子上，有什么东西在发出微弱的冷光。在灯光闪烁的地方，有一张涂有铂氰化钡的纸。这是一种能发出磷光的物质，当旁边有强光照向它时，它自己就会发出冷光。

但实验室里一片漆黑啊！克鲁克斯管虽然有微弱的冷光，但是肯定不够让发光物质产生磷光啊。况且，管子还用黑纸板包住呢。那么，究竟是什么让这张磷光纸在黑暗中发光呢？后来，有人问伦琴：“当您发现这些神秘现象时，您是怎么想的？”“我什么也没想，我直接就做实验了。”他回答说。他不停地做实验，坚持不懈地向大自然问询，最终发现了新的射线。

谦虚的伦琴称它为X射线，是要强调，自己还不知道它的真实性质。于是，世界各地的几十个科学伙伴们，急急忙忙地去补充那些伦琴没有说完的东西。科学杂志上，出现了无数关于X射线实验的报道，有关于它的性质的，有关于它的起源的。在这种急于求成和狂热的气氛中，一些研究人员甚至觉得自己发现了更多的射线。关于“Z射线”“黑射线”的报道层出不穷，“射线热”席卷了欧美所有科学实验室。

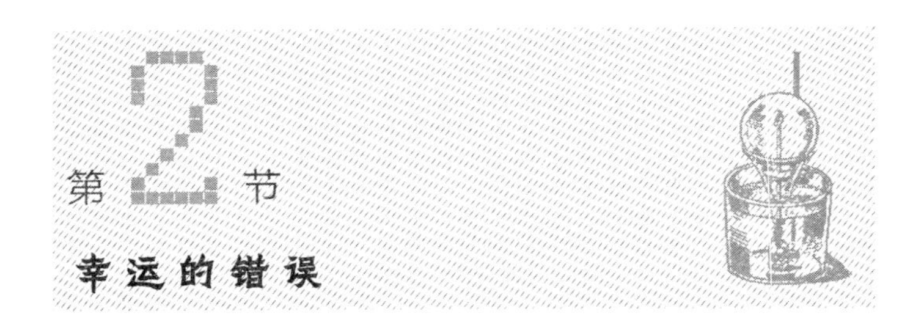

第2节 幸运的错误

亨利·庞加莱（1854—1912），法国数学家、天体力学家、数学物理学家、科学哲学家。

法国科学家**亨利·庞加莱**（Henri Poincare）对X射线提出了一个有趣的猜测。当庞加莱收到期刊，读到伦琴阐述自己发现的文章时，有一个细节给他留下了深刻的印象。伦琴指出，X射线正好来自克鲁克斯管上电粒子流从负极（阴极）冲到正极（阳极）所击中的地方。在这个地方，管子的玻璃壁发出特别强烈的磷光。“原来如此！”庞加莱想，“伦琴射线（X射线）产生于发出强磷光的地方。是不是所有的强磷光体都发出这种射线呢，而不仅仅是克鲁克斯管通电的时候？”

他的法国同胞查尔斯·亨利（Charles Henry）听到这个猜测之后，马上开始着手验证。冷光可能由许多不同的方式引起。自古以来，人们就知道一些物质，如果它们暴露在太阳或其他强光源的光线下，就能自己发出冷光。其中一些物质，一旦初始的光源熄灭，它们也就不再发光；而另一些物质在那之后还会继续发光一段时间。如果把后一种物质涂在钟表盘上，这样晚上不开灯也能知道时间了。木材腐烂时，也会释放出冷光。易燃的磷在空气中氧化时也会发出绿色的冷光。正如大家所看到的，发出磷光的原因可能各种各样。庞加莱认为，有磷光发出的时候，无论原因是什么，总是会产生X射线。

为了验证庞加莱的想法，查尔斯·亨利取了一些硫化锌，就是一种在阳光照射下会产生强烈磷光的物质。这是一次非常简单的实验。亨利用黑纸包住一张普通的照相底片，在黑纸上放了一块硫化锌，然后把所有东西都放在阳光下。晒一会后，他把底片拿到暗室里冲洗。在底片上放磷光物质的地方有一个黑点，这就意味着庞加莱猜对了。所以，实际上，任何发出磷光的物质都会发出看不见的X射线，能够自由地穿过黑色的纸张，亨利就是这么想的。

1896年2月10日，在法国科学院会议上，亨利的报告得到宣读。一周后，在科学院的第二次会议上，另一位法国研究者涅温格洛夫斯基（Niewenglowski）的报告也得到发表，这份报告充分肯定了亨利的结论。涅温格洛夫斯基不是用硫化锌做的实验，而是用硫化钙，但结果和亨利的一样。那段时间，每次法国科学院开会，都会有使用磷光物质获得伦琴射线的报告。实验做起来很容易：用黑纸把底片包起来，在上面放一块东西，放在阳光下，然后把底片拿去显影，花不了多少时间！物理学家们都在急急忙忙地做这些实验，生怕别人抢在自己前面。X射线看起来不像以前那么神秘了。因为，即使是带有夜光表盘的普通手表，也会发出这种射线。

科学家特罗斯特在科学院里说：“不需要那些容易被打破的放电管。也不需要复杂昂贵的通电仪器。只要把一片磷光物质放在强光下，它就会产生X射线。”但他错了。他们都犯了严重的错误，不管是特罗斯特，还是亨利，还是涅温格洛夫斯基。幸运的是，这一错误为科学和人类带来了宝贵的福祉。我们甚至可以感谢这些研究者，感谢他们当时表现出的草率和粗心。

亨利·贝克勒尔（1852—1908），法国物理学家，因在放射学方面的深入研究和杰出贡献，与居里夫妇共同获得了1903年度诺贝尔物理学奖。

在追捕X射线的参与者中，有一名物理学家叫作**亨利·贝克勒尔**（Henri Becquerel）。他尝试了几种不同的磷光物质，在他看来，所有这些物质，在强光照射下，都能产生对照相底片起作用的无形X射线。但贝克勒尔对他在显影底片上看到的模糊黑点并不完全满意。所以，他决定选择磷光更强的物质来做进一步的实验。他认为，这样的物质会发出更强的X射线，它们在照相底片上的印记会更清晰。

贝克勒尔出身于一个科学世家。他父亲也在研究磷光现象。在那个时候，老贝克勒尔研究的是一种能发出非常强烈磷光的物质——铀和钾的硫酸盐。后来，小贝克勒尔也研究了这种盐。这就是他现在想要用来取得X射线的东西。此外，他还用铀的其他发光化合物做了实验，并达到了自己的实验目的：铀盐在太阳的照射下，透过黑纸，确实产生了非常清晰的印记。贝克勒尔是这么做的：他用厚厚的黑纸把底片包起来。在纸上放了一个镂刻花样的金属片，在金属片的上边放了一张薄纸，纸上面再放一层铀盐。他把这一套都放在阳光下，晒过之后再把底片拿去冲洗。那么发生了什么呢？冲洗过后，底片的黑色背景上显出一个白色的图案，就是那个金属图案的痕迹。这样就明白了：铀盐在发出磷光的同时，还发出了看不见的射线，这种X射线穿过黑纸，作用于底片，但它们不能穿过厚实的金属，所以在底片被金属遮住的地方保持原样没变。在科学院会议上，贝克勒尔就是这样介绍了他的实验结果的。

但有一天，那是1896年3月2日，贝克勒尔带着一个奇怪的消息来到了科学院。四天前，也就是2月26日，他正准备做一次常规的铀盐实验。底片用黑纸包着，然后放上带图案的金属片，最上面放上铀盐晶体。但是，那一天太阳被乌云遮住了。于是，他决定把所有的东西都放在抽屉里，甚至连纸上的盐都没有拿走，这样第二天就可以马上开始实验。但是27号根本就没出太阳。在接下来的两天里，也一直是阴天。3月1日，他决定无论如何还是把底片冲洗了。当然，由于铀盐大部分时间都在黑暗中，只被阴天的漫射光线照了几分钟，所以可能它只发出了短暂而且微弱的磷光；而X射线不一定有，即使有，也几乎看不出来。他以为，底片上暗影肯定很模糊，也许只是微微能看到。结果却正好相反。显影非常清晰，黑暗背景上有着白色的图案，这些磷光盐还从未产生过如此浓重的黑色，如此清晰的显影。简直莫名其妙，无法理解！随着时间的推移，事情变得越发复杂。

贝克勒尔发现，铀盐如果完全不暴露在光线下，也会透过纸张对照相底片产生作用，就跟被强光晒过发出强烈磷光的盐一样。他把铀盐粒藏在一个盒子里，把盒子放进一个箱子里，15天来，盒子一直被密封着，而箱子所在的房间也一直是一片漆黑。在这里，谈不上什么磷光，铀盐也发不了光。不过，铀盐对底片还是起了作用。所以，即使在黑暗中，它也会发出看不见的射线，穿透黑色的纸张。那时候，贝克勒尔做实验用的是根本不能发出磷光的铀盐，是一种没有受到强光照射的普通物质，然而，底片还是因它变黑了。

第4节 都是铀造成的

这个消息传出后，马上就有人出来为贝克勒尔解答疑惑。也许亨利·庞加莱弄错了，磷光与看不见的射线没有任何关系，也许都是铀造成的。因为上面实验所用的那些盐里都含有铀。那些看不见的射线是不是它发出来的呢？如果这样，那么如何解释亨利、涅温格洛夫斯基和特罗斯特的实验呢？还有，又该怎么解释贝克勒尔刚开始做的那些实验呢？那时候他用的还不是铀盐，而是其他物质。难道这些物质在发出磷光的同时，没有发出看不见的射线吗？难道它们没有透过黑纸对照相底片产生作用吗？解开这个谜团真的很难！

因此，贝克勒尔暂时放弃了铀盐，重新捡起他一个月前刚开始研究时所用的那些磷光物质——硫化锌和硫化钙。他把几张用黑纸包着的底片放在阳光下，每张底片上都放了一块磷光物质，然后把它们拿去显影。该死的！没有一张底片上出现黑点！贝克勒尔马上又重复了一遍这个实验。结果还是一样，底片仍然干干净净，没有变化。然后，他又试着用一种强烈的人造光来照射这些磷光物质的晶体，而没有把它们放在阳光下。在晶体上方，他点燃过明亮的镁焰，用过耀眼的电弧光，但还是一点儿用都没有。

为了让晶体发出更强的磷光，贝克勒尔将其中一些晶体加热，而另一些晶体则放到盐水冰块中进行冷却。这样，它们发出的光更强烈了，贝克勒尔已经很久没见过这么明亮的磷光了。但这些晶体对底片仍然没有产生一点作用。于是，他向院士特罗斯特寻求帮助，因为特罗斯特曾说过，发磷光的晶体可以完美地取代易碎的克鲁克斯管、电池等。而这位德高望重的科学家欣然同意帮忙。但是，真是奇怪，他也没得出什么结果来。铀盐从来都没有发出磷光，在黑箱子里躺了整整一个月，却还是透过黑纸，对底片产生了作用。

很快，几周、几个月过去了。铀盐躺在黑暗的房间里，日夜不停地发出那种看不见的射线。化学家们知道的所有铀化合物——氧化物、酸、盐，都被一一检查过了。它们的固态晶体、粉末、液态溶液和熔融状态，也都被检查过了，最后连纯金属铀都被检查了。无一例外，它们都在照相底片上留下了印记，最浓重的印记要数纯铀产生的。毫无疑问，铀和它的所有化合物会发出一些特殊的看不见的射线，但与伦琴射线不同。而磷光现象与此并无关系。

现在，让我们回顾一下，引导人们发现铀射线的整个事件链条。伦琴用克鲁克斯管做研究时，发现了看不见的X射线。这些射线是在电粒子束穿过稀薄的气体击中克鲁克斯管的位置产生的。而在这个地方，总是能看到强烈的磷光。亨利·庞加莱提出，X射线不只在克鲁克斯管中产生，每当某种物质发出磷光时，都会产生X射线。一些研究人员匆匆忙忙地进行了实验，纷纷确认，所有磷光物质发光时确实都会产生X射线。

为了寻找发光最强的磷光物质，贝克勒尔转去研究铀盐。结果发现，X射线和磷光之间其实没有关系，但他又发现了一种新的射线——铀射线。

当然，现在也很难搞清楚，为什么当时好几个实验者犯了同样的错误。也许，他们碰到了质量不好的底片；或者，碰巧大家的显影液都不行；或是，黑纸不够厚，在强烈的阳光下，底片轻易就走光了，其实没有任何X射线的作用；或者说，含硫的磷光物质在阳光下发热、分解，挥发的二氧化硫穿过纸张的孔隙，破坏了底片；也许，以上每一个原因都起了一些作用。如果实验做得不够仔细，考虑得不够周到，那么各种各样意外都是不可避免的，有时还会导致研究人员走上错误的方向。

查尔斯、亨利、涅温格洛夫斯基、特罗斯特都是这样，贝克勒尔刚开始也是。当他和特罗斯特更仔细地进行实验时，才发现磷光物质（如果它们不含铀）根本没有对照相底片起作用。但这个错误来得很凑巧。正是由于这一错误，贝克勒尔发现了“铀射线”，后来这一发现又带来了更惊人的发现。

铀射线在许多方面都与X射线非常相似，都是看不见的，都对照相底片起作用。无论是铀射线，还是X射线，都能让空气带电。但是铀射线并没有像X射线那样轻易地穿过各种障碍。铀射线虽然能够穿过包在摄影底片外边的厚厚黑纸，能够穿过铝板薄片，但是，要“穿透”人体，穿过门和薄墙，铀射线却做不到，而X射线却是可以穿过这些障碍的。

利用X射线照相，可以得到非常有趣的照片。这种把戏非常有意思，所以在刚发现X射线的那段时间，无论到哪儿，它都会成为焦点。那时候，X射线是一种“时尚”。甚至在富人家的客厅里，在宴会上，也安装了克鲁克斯管，上流社会的淑女们用它来展示自己的“精美”骨架。而铀射线就不那么受欢迎了，只有物理学家才知道它们。但实际上，它比X射线神奇多了。

X射线产生于高速带电粒子对克鲁克斯玻璃管的撞击，而铀和它的化合物却是自发释放那种看不见的射线，没有任何明显的原因。没有光照，没有加热，没有通电，但它们日复一日、年复一年不知疲倦地释放这种特殊的射线、特殊的能量。射线的发射一分钟也没有停止过。而发出射线的那些物质，从表面上看却完全没有变化。这真是个奇迹，既让人惊讶，又无法解释。今天，我们称这个奇迹为“放射现象”（radioactivity）。

大约在发现铀射线之前的四年，年轻的波兰女孩**玛丽·斯克沃多夫斯卡**（Maria Skłodowska）来到巴黎求学。她出生在沙皇俄国统治下的华沙[1]，从小梦想着成为一名科学家。但是，在沙皇俄国，女人很难获得接受高等教育的机会，更不用说从事科学工作了。于是，玛丽离开华沙，来到了法国巴黎。

玛丽·斯克沃多夫斯卡（1867—1934），世称“居里夫人”，法国著名波兰裔科学家、物理学家、化学家。

在巴黎，她的日子过得相当艰苦。课余时间，她会去做家庭教师赚点生活费，没有家教课的时候，她就在巴黎大学实验室打打下手，做些打扫房间、清洗实验器具的活儿。玛丽用赚来的钱租了顶楼六楼的一个小阁楼。她经常一连几个星期只吃干面包。冬天的时候，她只能自己把沉甸甸的煤篮子搬上去生火。更多时候，她连买煤的钱都不够，小阁楼里冷得就像冰窖一样，甚至洗脸盆里的水都结冰了，这个年轻的女

1 华沙是波兰共和国的首都。

大学生不得不把自己所有的衣服都盖在被子上面，好歹能暖和一下。尽管生活中困难重重，她还是学习得非常刻苦，并顺利地读完了大学。

皮埃尔·居里（1859—1906），法国著名的物理学家，居里夫人的丈夫。也是“居里定律”的发现者。

大学毕业后不久，玛丽嫁给了法国物理教授**皮埃尔·居里**（Pierre Curie）。当为自己的第一个独立科学工作选择课题时，她与丈夫商量后，决定研究铀射线。对于一个刚开始做研究的人来说，这个课题，毫无疑问，非常困难。因为，这个课题的一切都还是个谜团。比如，铀射线的性质是什么？它们的力量来自哪里？它们是如何在铀化合物中产生的？产生射线需要能量，这种能量是从哪儿来的？只有铀能产生这样的射线吗？

玛丽·斯克沃多夫斯卡勇敢地走进了这个迷宫。首先，她必须学会快速检测铀射线，并精确测量它们的强度。如果像以前一样，用照相底片进行研究，那就太麻烦了。当然，她可以比较底片上各种射线留下的印记，根据黑点的密度，确定什么时候射线更强，什么时候更弱。但这样得到的结果不会特别精确。测量铀射线的强度，还是用物理仪器更好一些，就像用温度计测温度，用安培计测量电流强度那样。她的丈夫皮埃尔·居里马上给她做了一种这样的仪器。居里拿了一个普通的平面电容器，就是被一层空气隔开的两个金属板。下面那一片金属底板接上蓄电池充电，上面那一片金属板与地面连接。这样一来，电路平时是断开的，因为众所周知，空气是不会导电的。

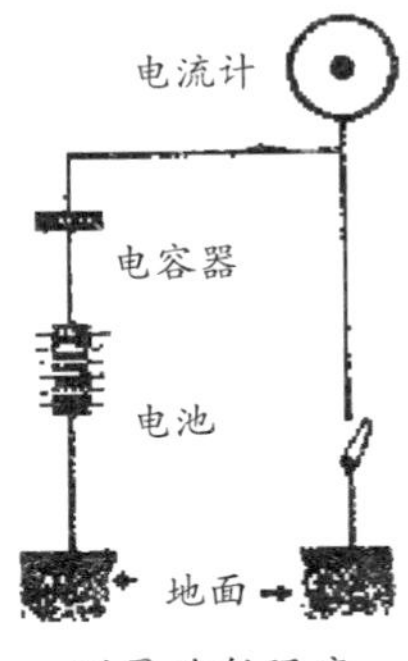

测量放射强度

但是，一旦在下金属板上撒满了铀盐，电流会立即穿过电容器空气层，因为在铀射线的作用下，空气会成为导电体。射线越强，空气导电性就越好，电路中的电流强度就越大。即使在辐射最强的时候，电流强度也没有超过几十亿分之一安培，但是有了居里所造的这个特殊装置，总算是可以进行电流强度测量了。只要把待研究的物质放到电容器的下面金属极板上，连接到上部极板的电流计就会立即报告它是否释放出铀射线，这样就可以非常精确地测量出放射强度。

玛丽拿到这个方便的仪器后，立即开始寻找，是否还有其他物质能像铀化合物那样，自己发射出看不见的光线。她收集了大量不同的化学物质。在一个实验室里，她得到了所有已知元素的化学纯盐和氧化物；在另一个实验室里，她得到了几种稀有的盐，非常稀有，甚至比金子还贵；矿物博物馆还把很多从世界各地收集来的矿物捐赠给了她。玛丽把它们一一放到电容器的极板上，然后观察电流计的读数。

有很长一段时间，她一点儿收获都没有，尽管电容器下面极板上的物质已经换了几十种，但是电流计的指针一直没有改变位置。即使如此，玛丽依然坚持不懈地做着实验。终于有一天，她等到了电流计的信号：指针偏离了零刻度。此时，下面极板上是钍金属的化合物。第一次胜利！这样看来，并非只有铀才能发射看不见的射线，钍和它的化合物也可以。那么其他物质呢？铁、铅、锰、碳、磷的化合物呢？世界上其他数不清的物质是否都能发射这种射线呢？不能，居里电流计给出了一个明确的否定答案。

然后，玛丽又转头去研究铀化合物。她测量了铀、铀的氧化物、铀盐、铀酸及所有含铀矿物的辐射强度。所有这些都不同程度地加强了空气的导电性，根据铀元素含量的多少，有的强一些，有的弱一些。如果某种物质含有50%的铀，那么它的辐射强度正好是纯铀辐射强度的1/2，含有25%铀的物质则产生了纯铀1/4的辐射。依此类推，所有铀的化合物都严格遵守这个定律，包括它的所有氧化物、盐、酸和含铀矿物。它们的辐射都比纯金属铀要弱。有没有辐射强度超过纯铀的铀化合物呢？很明显，没有！因为不可能有铀含量超过100%的物质。

钍

但有两种铀矿物——沥青铀矿和铜铀云母，在电容器下极板上，表现得非常奇怪：它们在电路中引来的电流强度，要比纯铀高得多！怎么会这样呢？在这些矿物中，是不是还隐藏着其他可以发出射线的元素呢？但是，会是什么元素呢？要知道，除了铀和钍，好像没有其他元素能发出这种射线。而钍的射线，在强度上与铀的射线没有什么不同。

为了对它进行检验，玛丽决定用人工方式来制造铜铀云母，在实验室里，她用几种化合物把它制造了出来。人造矿物的成分与天然矿物几乎分毫不差。它含有的铀与天然铜铀云母的铀含量相同。但是，当把这种人造矿物捣成粉末，放到电容器下极板上时，却发现，它的辐射比天然矿物弱得多，它的辐射只有天然矿物的18%左右。这意味着，在铜铀云母和沥青铀矿中，确实存在某种活性杂质，它比铀辐射还要强，而且可能要强过很多倍。事情发展到这一步，皮埃尔·居里认为有必要放弃自己的科学研究，积极投入妻子的工作中。

居里夫妇一直在这块沥青铀矿中追寻着那个难以捉摸的“东西”，就像顽强的猎人在无边无际的原始森林里追捕罕见的野兽一样。他们凭借研究者的敏锐和居里电流计上的读数，摸索着往前走，就像本生在杜尔汉矿泉水中寻找蓝色物质时一样。只是对于本生来说，指引他前行的是蓝色光谱线，而对于居里夫妇来说，则是那种未知物质发出的无形射线。

终于有一天，居里夫妇决定向世界宣布：是的，这种物质确实存在，我们找到它了。居里夫妇给它取了名字，虽然当时他们所找到的还只是一个苍白的影子，一个未知物质的微弱回声。居里夫妇一步一步地，把这种杂质与沥青铀矿的所有其他元素分离开。为了说清楚他们是怎么做的，我们举一个简单的例子。想象一下，你掉在沙地上一个盐袋，袋子散开，盐和沙子混在一起了。怎么把它们分开呢？就是把盐沙混合物放入水中，然后加热。盐会溶解，而沙子会留下。将溶液用薄纱过滤，然后蒸干，这样，我们就又拥有无沙的纯盐了。当需要从化合物或混合物中分离出一种纯物质时，化学家通常就是这样做的。这是唯一的方法，只不过化学家做的更曲折、更复杂些。他们把这种化合物或混合物溶解在酸、碱或水中，过滤掉沉淀物，再将其溶解于酸中，然后再把溶液里的水蒸干。这样，化学家一个接一个地把里边的成分提取出去。余下的溶液中，所需要的那种物质越来越浓。终于，最后一种杂质也被除去，剩下的就是百分之百的所需物质，也就是化学上的纯净物质。

居里夫妇正是想用这种方式从沥青铀矿中提取那种神秘物质，但是这做起来是非常困难的，因为它在沥青铀矿中的量很少，而且谁都不知道它的性质。居里夫妇只知道一点：这种未知的物质，很可能发射出极强的射线。他们就根据这一条线索不停地寻找。玛丽和皮埃尔两人把矿石溶解进酸里，然后把硫化氢通进溶液。溶液中出现深色的金属硫化物沉淀。这个沉淀物中，有矿石中含有的全部铅，以及铜、砷、铋。透明溶液中还剩下铀、钍、钡和其他几种成分。那种未知的物质呢？它在哪儿呢？是在那些沉淀的元素里，还是留在溶液中了呢？

居里夫妇分别把沉淀物和溶液放在电容器下极板上。结果，沉淀物产生的射线更强。这就是说，那种物质在沉淀物里，应该去那儿找它。居里夫妇一点点分离出所有无关杂质后，得到的这份物质的辐射强度是铀的400倍。在这份物质里，铋金属含量很高，而化学家们对这个金属非常了解。此外，还有非常微小的一部分未知物质。居里夫妇暂时还不能把它跟铋分离开，但他们坚信自己有一天会做到这一点。

1898年7月，居里夫妇向法国科学院报告了自己的工作成果。他们认为自己发现了一个类似于铋的新元素，这种元素能够自行发射非常强烈的不可见射线。他们在报告里写道：如果这一点被证实，就给新元素命名为“钋”（polonium），法语意为波兰，以玛丽祖国的名字命名。五个月后，科学院又公布了居里夫妇的另一项新发现。

他们在沥青铀矿中还发现了另一个未知元素，它能释放出更强大的射线。就其化学性质来说，这一新元素很像金属钡。他们已经获取了一部分这种元素，它产生的射线强度是纯铀的900倍。这个新的放射性元素，居里夫妇把它命名为“镭”（radius），是拉丁语“射线”的意思。

铀和镭

就这样，玛丽与丈夫一起，发现了两个新的化学元素。对一个年轻的女研究员来说，这是一个非常好的开端！但那时候，她实际上拿到的并不是纯元素，而是与铋和钡夹杂在一起的一小点杂质。接下来要做的，就是分离出它们的纯粹元素形态。但是，要完成这件事，难如大海捞针。

从钡中分离出镭，要比从铋中分离出钋容易些。因此，居里夫妇决定从镭开始。但是他们手里的沥青铀矿储备非常少，而要想提取到多少能看得出来的一些新元素，至少需要一吨矿石。这得花不少钱，但是居里夫妇没有钱，要知道，他们是自费进行研究的，国家没有任何补助。

沥青铀矿是在当时处于奥地利统治下的圣约阿希母斯塔尔矿开采的。在那里，人们从矿石中只提取铀，其余的残渣则被扔掉。可是，所有的镭和钋正好都在那些残渣废料中。居里夫妇向奥地利科学院寻求帮助。“慷慨的”奥地利政府同意，免费赠送给这两位法国科学家整整一吨这种没人想要的垃圾。现在原料足够了，还需要一个地方来处理它。在皮埃尔·居里任教的巴黎理化学院的校园里，有一个废弃的棚屋，学校校长同意让居里夫妇去那里做研究。

玛丽·居里在那儿待了两年。本生请设备齐全的大工厂花了六个星期完成的事情，玛丽在自己的棚屋“实验室”里一个人英勇地承担了起来。她既没有机器，也没有工厂的锅炉和仪器。她只有几个烧杯、蒸馏瓶和曲颈甑，还有自己的一双手，除此之外，没有别的了。两年来，她溶解矿石，蒸馏溶液，沉淀晶体，利用虹吸抽出液体，过滤残渣，然后再溶解，再沉淀，甚至一连好几个小时用金属棒搅拌这个珍贵的液体。这项工作虽然艰苦，但她依然顽强地做着，毫无怨言，饱含热情，因为她知道自己是在向着目标前进。她的女儿伊伦出生在发现镭的前一年，玛丽没有时间回家照看女儿，于是伊伦经常被带到实验室里来看她[1]。玛丽的一生，都是在一堆蒸馏瓶和湿湿的矿物晶体中度过的。

她从矿石中分离出一粒又一粒那种未知元素，很快，居里夫妇就积累了一小堆那

1 许多年后，在1934年，也就是她母亲去世的那一年，伊伦·居里发现了人工放射性，从而使居里的名字再次留名千古。

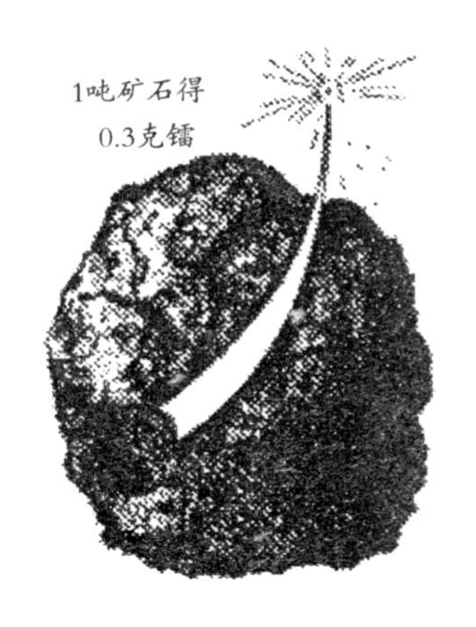

种物质，它们的放射性是铀的5 000倍。而在镭和钡的混合物中，镭越多，这种混合物的放射性就越强：一万倍，五万倍，十万倍……最后，终于提取到了完全纯净的镭，它的辐射强度是铀的数百万倍。但是，在整整一吨的铀矿石中，只提取到了0.3克镭。

第9节 科学革命

镭释放的射线，就其性质而言，与铀的射线一样。唯一的区别就是放射的强度。但在强度放大100万倍的情况下，整个情况也就完全改变了。如果有人用手轻轻地抚摸着你的头，你会把这双手的压力当成爱抚。但如果力度加大100万倍，这力量就足够把人压成一张饼。这就是数量规模的差异！每一个小小的镭晶体都释放数条能量流。

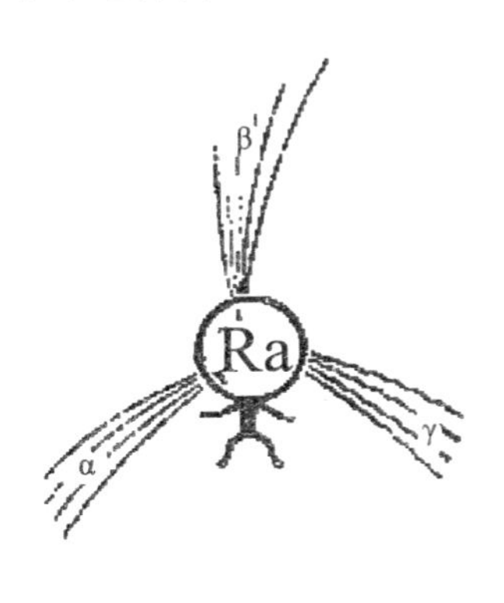

利用铀射线在照相底片上显出印记，需要好几个小时，而使用镭射线的话，图像瞬间就会出现。在它们的击打下，磷光屏发出明亮闪光——亮度不低于伦琴射线

作用下的光。此外，镭射线还会迫使那些通常不能发冷光的物质发出磷光。在自己的那间棚屋里，居里夫妇观察到，每到晚上，玻璃、纸、衣服——所有受到那强大射线辐射的东西，都会发光。

含镭的晶体本身也会发光，而且光非常强，甚至可以在它的光照下读书。它们还会放出热量，每克镭约放出140卡/小时的热量。此外，它们还会对人体产生影响。皮埃尔·居里亲自对此进行了验证，他把自己的手放在那看不见的镭辐射下几个小时，然后，他的手上就形成了一块像烧伤一样的溃疡。当居里夫妇报告这个新元素的性质时，刚开始没人愿意相信他们。这可信吗？没有任何外来能量输入，镭就产生大量的光、热和强大的无形射线流，而且一刻也不停歇。它们是从哪里来的？或者，曾经毫无争议适用于整个宇宙的能量守恒定律，在巴黎理化学院这个不起眼的破房子里不起作用了？这太让人难以置信了，简直与人类百年的经验互相矛盾啊。

然而，事实就是事实：那些微小的镭块，躺在巴黎居里夫妇的实验室里，不分昼夜地散发出能量流，而这能量竟然从虚无而生。从虚无而生！科学的基础动摇了。

全世界数十名最优秀的研究人员立即开始研究这些放射性物质。在伦敦、纽约、柏林、圣彼得堡、蒙特利尔、维也纳，人们热火朝天地研究这些物质，想要揭开这个自行释放能量的秘密。因此，很快就有了许多惊人的新发现。原来，镭发出的是三种看不见的射线。按照希腊字母顺序，它们被称为α射线、β射线、γ射线，它们都与普通可见光射线是同族，只有波长不同。γ射线与伦琴射线相似，而α射线和β射线是由带电物质粒子组成的。镭不只是自己发射能量，同时，它还在衰变。它的衰变进行得很慢，慢到1 600年时间才消失半克镭。但速度并不会改变衰变的事实：构成这个元素的物质一直在衰变，而衰变的同时在释放能量。很快，人们又发现，镭不断衰变，最终变成了铅和氦。但氦是元素，铅也是元素，这也就是说，一个元素可以变成另一个元素！一个世纪以来，这都被认为是中世纪那些无知的炼金术士天真的妄想，而现在，竟然成了一个不可否认的科学事实。

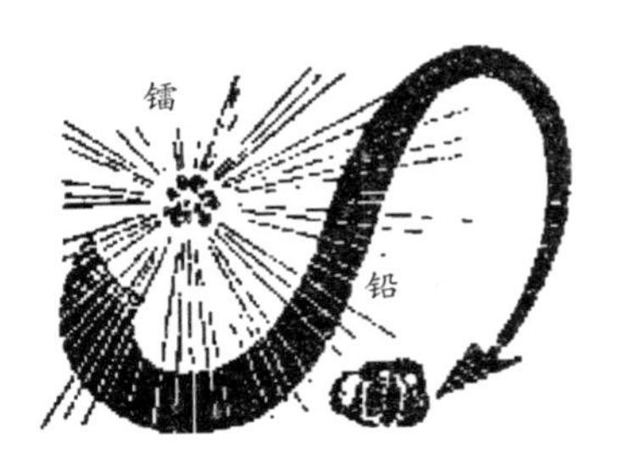

镭的衰变

许多科学家和受过教育的人都拒绝接受这一点。他们认为，如果承认新发现是正确的，那么以前积累的所有知识都会变得毫无价值。一直被认为是永恒的物质，却一直在毁灭；被认为是不变的元素会变成另一个；被认为不可分割和不可破坏的原子，却还会分解成更小的成分：α粒子、β粒子……这些物质粒子，还带有电荷。人们开始慌了。

但先进的科学工作者们并没有死抱着陈旧过时的观念不放。他们坚定前行，在被推翻的理论废墟上，创造了一个新的科学，这个科学更强大，对物质和能量转化解释得更全面，能更好地帮助人类征服大自然。

后记

居里夫妇是最后两名伟大的元素寻找者。其实，继钋和镭之后，还发现了几种稀有元素，它们与自己在元素周期表里的邻居非常相似。但这些新发现已经没什么让人惊讶的了。直到这时，整个门捷列夫周期表，除了两三个不重要的小空白外，已经全都填满了。现在我们知道，世界上大约有92个元素。科学家们模仿自然，甚至超越自然，能够用这些为数不多的元素创造几十万甚至数以百万计各种各样的复杂物质。

对于今天的科学来说，元素不再是物质分解的极限。自居里夫妇的伟大发现之后，人们开始明白，科学还可以进一步向前走：元素本身也可以分解。分解成什么呢？分解成“原始”物质——基本粒子，所有元素的原子都是由这些基本粒子构成的。还记得吗？就像门捷列夫所说，所有元素之间都有一个共同的亲缘关系。当时人们还不知道这种亲缘关系的原因，而现在，一切已经清楚了。原来，所有元素的原子——无论是最轻的氢，还是“懒惰”的氩、“烈性的”钠、“贵重的”金，以及镭，所有这些，无一例外，都是由同样的微小粒子构成的。这些粒子被称为质子、中子和电子。质子和中子形成所有化学元素的原子核，原子核周围的电子给它穿上一个带电外壳。

今天的研究人员已经能够从原子中“抠出”这些原始粒子，甚至用它们创造新的组合。能够人为地把一个元素变成另一个元素：物理学家用氮原子制造氢，用铝制造碳，用汞制造金。确实，到目前为止，他们还不能大量制造人工元素。他们所提到的元素分解和转化的分量，也只是几十亿分之一克而已。

但这只是个开始，大自然王国的钥匙现在已经掌握在我们手中。也许，在不久的将来，我们可以随便用一块黏土就制造出任何元素和复杂物质。在伟大的社会主义国家，将会诞生一门强大的新科学，它不会有过去所遇到的种种困难和障碍。我们国家的科学人士，也不必像以前卡尔・舍勒那样，把他们最好的年华花在为东家做苦工上；也不会有高傲闲散的有钱人围着他们，就像围着戴维一样；也没有迫害德米特里・伊万诺维奇・门捷列夫的那种无情的官员；也不必像居里夫妇那样，请求别人施舍，允许他们占用一个旧棚屋来做科研。社会主义国家会为自己的科学家建设宫殿般的研究机构、设备齐全的实验室。参与认识大自然和征服大自然战斗的，不再是那些孤胆英雄们，而是自群众中而来的成百上千才华横溢的研究人员。未来的科学成果，共产主义社会的科学成果，将大大超过以往所取得的成就。人类征服大自然、征服物质和能量的控制，是没有极限的！

结语

20年前，那时我还是一名大一学生，第一次读这本书，是背着同学，偷偷读的，毕竟大学生不应该看儿童读物了。但同学们发现了我的书，打开它读了起来，结果他们也读得入迷了。20年时间，科学的发展成就已经远远超过了过去几百年。原子能、计算机、宇宙飞行、遗传学……人类闯入一个又一个未知王国，脚步从来没有这么迅速，这么锐不可当。也许，在这些科学成果的光芒之下，过去几个世纪科学家们取得的荣誉都会黯然失色；现在的人们会不会觉得，那个时候科学家们的怀疑和猜测、谬见和发现，不值得我们注意呢，甚至让人觉得可笑，或者微不足道呢？当您重新阅读《趣味元素》这本书的时候，就会发现，并非如此，就会明白数百年前人类的智慧和现在一样伟大，和现在一样让人惊奇。

人类永远珍惜童年和青年时期的回忆，同样，满怀自豪和敬畏之心的人类，也会永远铭记，那些在文明发展的长河中埋下里程碑的前辈，无论是默默无闻的车轮发明者，还是掌握蒸汽和电力的先驱，或者是这本书的主人公——元素发现者，以及当代那些把火箭发射到太空的人……这本《趣味元素》充分表达了对探索化学的英雄前辈的敬爱和尊重。阅读这本书时，不禁想跑到作者跟前，告诉他现代“元素猎手们”所做出的伟大成就，请他为这本书补充新的故事。但是这一愿望是不可能实现的——这本书的作者，在俄国卫国战争[1]时期牺牲了；他永远也不会知道，也不能把我们这个时代的伟大发现告诉别人了。我并不敢尝试补写本书，因为我深知自己没有和已故作

1 俄国卫国战争，1941年6月22日—1945年5月9日，是第二次世界大战期间苏联为抵抗纳粹德国及其仆从国侵略进行的战争，是第二次世界大战中规模最庞大、战况最激烈、伤亡最惨重的战争。

者一样的天赋和能力，我只是简单讲述一下过去20年的新发现。

“居里夫妇是最后两名伟大的元素寻找者。”这是《趣味元素》一书后记中所写。这句话是正确的，因为“寻找”指的是寻找隐藏的东西，而大自然在地球上只隐藏着92种元素。在寻找完成后，元素寻找者被元素创建者取代。是的，没错，不仅可以人为地把一个已知的元素变成另一个已知元素，而且还可以创造一个完全崭新的元素，一个以前不为人所知而且在自然界中不存在的元素，但这个任务已经不再仅仅靠化学来完成。就像在戴维、本生和基尔霍夫、瑞利和拉姆齐以及居里夫妇的故事里一样，物理学又来帮助化学了。这一次，不是电磁物理学，不是光学，而是一个全新的科学领域——核物理学，它以回旋加速器[1]和核反应堆作为武器，可以轰击原子目标，还有计算器、厚层照相乳胶片、威尔逊云室[2]，这些能帮助我们看到和理解轰击结果。

怎么能从一个化学元素中得到另一个元素呢？为此需要做些什么改变呢？这个问题的答案，早已在门捷列夫元素周期表中给出来了。只是在周期律发现半个世纪后，它的物理意义才被揭开。原来，确定元素性质最主要的不是它的相对原子质量，而是它在门捷列夫周期表中所占位置，因为元素的序号（即原子序数）等于其原子核的电荷或者说原子核中的质子数。这一发现，最终证实了，新发现的惰性气体在周期表中所得位置的正确性，以及门捷列夫本人的正确性：他根据元素化学性质的细微差别，设置了一个违反自己规则的例外，即轻元素在重元素之后（比如，镍在钴后）。

但是，如果一个元素的性质取决于原子核中的质子数，那么为了获得一个新元

1 回旋加速器，是利用磁场和电场共同使带电粒子做回旋运动，在运动中经高频电场反复加速的装置。

2 威尔逊云室，1895年，英国人威尔逊设计的一套设备，可以使水蒸气冷凝来形成云雾。

素，必须改变这个数字。而所有的化学方法都接触不到原子核，因为，原子核中质子和中子的联系，比分子中原子间的联系强几百万倍。这就是为什么需要核物理的干预，因为它有足够强大的力量把质子从原子核中去除，或相反，把它们从外部引入，或者，将核中现有的中子转化为质子，质子转化为中子。

然而，单有核物理学，也不能弄明白在各种核反应中产生的大量原子的本质和特征，因此，核物理学的发展促使一个新的化学领域——射电化学的空前繁荣。它起源于棚屋，在那儿，玛丽·居里从几吨铀矿残渣里成功地分离出了一点儿镭。射电化学家学会了处理极轻的物质。还记得，在本书第3章的开头，讲了一克物质的几十种操作和转化，以及千分之一克的称重，而对于现代射电化学家来说，用几百万分之一克可以做几十种操作和转化，称重能够精确到亿分之几克。显然，随着物质数量的减少，许多化学操作也变得不一样了。例如，把沉淀物从溶液中分离用的是高速旋转离心法，而不是过滤法。在这种高速旋转中，离心力把沉淀物甩到微管边缘，然后用注射器将液体吸除。

茨维特（1872—1919），俄国植物生理学家、化学家，他最重大的贡献是发明分析化学和有机化学中极重要的实验方法——色谱法。

还有一个例子清楚地解释了最重要的新化学方法。准备几种不同颜色的溶液混合物，放入滤纸，混合物的不同成分渗入纸中各不相同：一些比较好——它们抓住了距离溶液最近的滤纸带，另一些比较差——它们被向上挤出。结果，滤纸上出现了几条不同的色带，混合物的颜色似乎被分解了，就像牛顿棱镜中的白光一样，被分解成了各成分的颜色。俄罗斯生物化学家**茨维特**（Tsvet）在1903年发明的色谱分析法就是这样产生的。它现在已经成为，根据元素与特殊聚合树脂交换离子的能力，分解不同元素化合物的基础。离子交换法非常灵敏，哪怕只获得了新元素的17个原子，它也可以分离和研究这个新元素的化学性质。如果把10克新元素溶解在地球上所有的江河湖海中，那么每一升水中含量是多少？很难想象，这个数量多么微小。

我们接着看元素的故事。门捷列夫系统中铀的序号为92，在从氢到铀的92个元素中，只有两个元素——43号和61号在自然界中找不到。曾经有很长一段时间，人们还认为根本不存在第85号和87号元素，但在1939—1940年，人们在铀238、铀235和钍的放射性衰变产物中发现了它们。

砹

第85号元素，结合了最活泼的非金属——卤素的性质与金属性质，被称为砹，希腊语意思是“不稳定的”。它的相对原子质量为210的同位素，号称是其同位素中最稳定的，但也只能存活12个小时，之后就会转化为钋。还有存活时间更短的第87号元素，名为钫，即“烈性”碱金属族的第六个代表，也是最活泼的一个。钫的最稳定同位素存活不到1小时，就会变成镭。

第43号元素是由意大利物理学家埃·塞格雷（E. Segre）于1937年人工合成的，在回旋加速器的作用下，相邻元素（42号）钼的原子核中“被打入”了质子，由此得到了这个新元素。这个元素，在化学性质上类似于锰和铼，被取名为“锝”（technetium），希腊语为“人造”的意思，以纪念它的制造方法。那时，新元素只能使用回旋加速器来获得，而且数量非常少，甚至不超过几百万分之一克。但是，随着原子核反应堆的出现，情况发生了巨大变化——在铀或钍裂变过程中产生了大量这种新元素，数量已经累积到了数百千克甚至数百吨。要知道，在功率为百万千瓦的大反应堆上，每天能够进行整整1千克的铀裂变。现在，锝元素已经能进行大量制取，锝十分耐腐，在建造新核反应堆时得到了广泛应用。

钫

锝

在旧周期表中，最后一个元素是61号，被命名为钷，是为了纪念希腊神话天神普罗米修斯。正是他从天界偷走了火，并把它交给了人类，为此，主神宙斯把普罗米修斯拴在岩石上，每天派秃鹫去折磨他。把第61号元素命名为钷的美国青年化学家，在文章中这样写道，这一名称不仅象征着人们取得这种新元素的戏剧化方式，即人类掌握核裂变能量的结果，而且告诫人们战争的危险。

这样，1947年钷的合成就是门捷列夫周期表“经典”92元素发现史的终点。但是，为什么在周期表中铀之后不可能再有元素了呢？虽然有些元素在自然界中没有找到，但是也没有证据表明它们不可能存在。问题在于，绝不是所有的放射性元素[1]在自然界中都存在。地球从诞生到现在，已经历数十亿年。铀238、铀235和钍232，是所有天然放射性元素的三种始祖同位素，它们的寿命也在这一时间范围内。在它们的后代中，许多元素存活的时间非常短，但一些元素消失，另一些则会出现，随时

钷

1 超铀元素，跟最后九个“旧”元素——从钋到铀一样，当然是放射性的。

得到补充，因为它们的“父母”还存在。如果放射性同位素分解得非常迅速，加之没有稳定的先辈同族随时提供补充，那么，即使它们曾经出现在地球、太阳系甚至整个宇宙诞生的初期，现在自然界中也不会存在这种同位素了。超铀元素的情况就是如此。在这个意义上，重现这些元素，就类似于生物学家想要复活那些很早就灭绝的生物，比如加纳穿山甲，以及其他我们只有通过各种考古挖掘才知道的巨兽。但对物理学家来说，这个任务当然更容易些，因为质子仍然是质子，无论它们在什么核中，问题只在于它们的数量，这个数量可以确定化学元素的性质，而生物机体中的细胞数量无论增加还是减少，都不能把一个动物转变成另一个动物。第一个人造超铀元素，以天王星之后的第一个行星——海王星命名，与本书《趣味元素》第一版时间相同，都是发生在1940年。

第二年，也就是1941年，第二个超铀元素（94号）被分离出来，也以行星命名——钚，名称来源于冥王星。现在，人们对这个元素的研究，要比对许多其他已经发现好几十年甚至几百年的元素透彻得多。因为钚的性质对于制造核武器非常重要。尽管我国（苏联）政府提出了完全禁止核武器的倡议，但是核武器暂时还没有被禁止和销毁。

在制造新元素方面，取得最大成功的是美国科学家G·T·西博格（G.T.Seaborg）和他的同事，他们的工作地点是伯克利市[1]。在发现钚的15年后，他们又合成了另外七个元素。其中三个元素的名称反映了它们被制造出来的地理范围：第95号——镅，来自“美洲”一词；第97号——锫，来自“伯克利”一词；第98号——锎，来自“加利福尼亚”一词。另外四个元素则是以著名科学家的名字命名的：居里夫妇，第96号——锔；第一个原子反应堆建造者费米，第99号元素——镄；

1 伯克利市，位于美国加利福尼亚州。

当代最伟大的物理学家爱因斯坦，第100号——锿；取得发现和研究所有新元素包括超铀元素钥匙的人——周期律的作者门捷列夫，第101号——钔。正是在1955年年初，人们研究了这最后一个元素的全部17个原子的性质。

第101号——钔

研究超铀元素的化学和物理性质（放射性），给人们带来了许多有趣的新消息。在制造出这些元素之前，人们认为，周期表的最后几个“旧”元素——钍、锕和铀，从化学性质看，与铪、钽和钨非常相似。但在研究了镎、钚、镅、锔及后面元素的化学性质之后，发现把第89号元素锕后的14个元素，即从钍到未发现的第103号，看作镧族元素中镧元素后第58—71号的亲族更合适。

镧族元素

由于对超铀元素原子核放射性的研究，人们得以对最重原子核发射α粒子和自我裂变的能力进行了系统化归类。现在，各国科学家都开始参与新元素的制造工作，其中包括以弗莱罗夫为首的苏联物理学家和化学家们。

我们有理由相信，首先取得第九个超铀元素——第102号的人将是我国（苏联）的科学家。很难准确说出还会有多少新元素被人为地制造出来，显然，还有七八个元素存在时间足够长，让人们来得及找出它们并证明它们的性质。也许，这本书的某个小读者还来得及参与制造第110号“类铂金”或相邻的任何其他元素呢。但是，即使有些人没有赶上制取新的超铀元素，也不用担心，因为有意思的工作还多得是。

如果说30年前只有两三个基本粒子为人所知，那么现在已经有几十个了。为了弄明白这数量众多的粒子，描述它们的特性，需要使用跟门捷列夫发现元素周期律大致相同的方法。像预测未知的元素序列一样，理论物理学家也能够预测未来还会发现多少新的基本粒子。

众所周知，从发现元素周期律到它的实际验证，经过了50年时间。那么，现在建立起的基本粒子系统，也在等待着未来的解释和检验。我认为，书中所举的例子已经足够证明，自发现元素周期律以来的90年，这个规律不仅没有过时，而且大发异彩。人类面临的挑战是无限的，就像人类的智慧和能力拥有无限可能一样。

教授 弗·戈尔丹斯基（V. Goldansky）

《趣味元素》及其作者

本书看起来讲的是科学史，实际上它诞生于科学发展的“前沿”。我一直无法理解这些科学故事是什么时候又是怎样最终被汇编成一本书的。原来，它们是作者一点点抽空写完的，因为作者雅科夫·潘（Jacob Pan）本来没打算继续写完这本书。我记得，他有一头黑色短发，总是埋头在手稿里，或者趴在印刷月刊《知识就是力量》（*Knowledge is power*）[1]的活字盘上。后来，他以笔名“依·尼查叶夫”为起点，开始积极参与重建当时迫切需要注入新鲜力量的儿童科学期刊。

依·尼查叶夫报纸《为了工业化》（*For Industrialization*）和《技术报》（*Technics*）上，直接参加了新技术的宣传战，积累了丰富的经验之后，他开始走进儿童文学的世界。作为严格的编辑，优秀的辩论家，干练的“独立记者”，他积极宣传新技术思想，与妨碍技术革新、阻挠科技进入工业生活的陈旧思想和保守主义作斗争。在争取扩大科学影响的斗争中，这两家报纸把依·尼查叶夫培养成科学斗士和思想家，它们一直在为让科学更贴近生活而奋斗着，与其他一些“老顽固们”作斗争。这些“老顽固们”看不到，科学既是今日科技进步的主要推动者，也是明日科学进步的发动机。

改版后的月刊《知识就是力量》，原本旨在扩大青少年儿童的科学视野，但是依·尼查叶夫对月刊工作非常上心，他表达工作热情的方式，不是吐沫横飞的空讲，而是狂热的工作态度和能力。当时这个月刊受到了很多年轻学者的追捧，他们非常喜

1 苏联科普杂志，1956年开始，曾出中文版。

欢依·尼查叶夫的记者经验和严格的编辑能力，他可以毫不留情地抹去所有老生常谈和缺乏坚实事实基础的模糊判断。这个期刊的优秀之处正在于此。

部分《趣味元素》也刊登在这个月刊上。这对科学文学来说是全新的开始，直接响应了高尔基的号召，即不再把科学当作已有发现的仓库，而是当作人类认识自然、改造自然的车间。书中都是真实的故事，具有非常生活化的题材和曲折的情节，它们都是建立在如花岗岩般坚实的科学基础上。《趣味元素》这本书在科学和文学两大阵营中都得到了认可。文学中诞生了一种新事物，即关于科学及科学工作者的小说。依·尼查叶夫并不孤独，他只不过是在这种独特的文学形式上开辟“第一条道路”的人之一。

科学院院士谢苗诺夫注意到这本优秀的书籍之后，立即指出了它的创新点：“这不是作者依·尼查叶夫个人取得的一次小小成功，而是在普及科学知识的正确方向上迈出的全新一步，这一点会在我们的文学历史中逐渐得到肯定。”这位学者在《文学报》（*Literary*）[1]中这样写道：“《趣味元素》就是关于人类的思想在实验室里冒险的真实故事。读完这本书之后，少年读者们就会明白，弄清楚地球的成分，并不比发现新大陆、海洋和岛屿更容易。”

天平，作为研究人员的测量工具，已经成功走进儿童科学书籍中，紧随其后的还有分光镜及其他仪器。依·尼查叶夫不仅阐述了它们的原理，而且说明了它们的发明过程，以及研究人员是如何使用它们的。依·尼查叶夫避开了纯粹的外部特征描述！如果有关于理论创新的质疑，那他就复演这个自然推理过程[2]，或重现实验过程、具

1 《文学报》是苏联作家协会机关报，现称《作家自由论坛报》。

2 比如，关于门捷列夫那天才猜想的诞生，如何创建元素周期表，付出了多大的努力，产生了多少创造性的思想。

体的实验发展、真正的寻找途径等。

这本书并不是用科学家的成就遥遥地吸引我们，而是引导我们走进实验室，和科学家们一起，感受他们犯错时的痛苦和取得成功时的喜悦，感受科研的魅力。院士谢苗诺夫赞许道："在依·尼查叶夫的书中几乎没有偏离主题的抒情式描述。许多人只考虑了描述的趣味性，就像拉着读者的耳朵去知识的天堂一样，但这样表达出的观点是不可信的！'科学的苦根'完全不应该被甜化，因为它并不像某些作者想象的那样苦涩。他们通常按照教科书来评判一个科目，但不幸的是，教科书的写法通常特别无聊，比科目本身无聊多了。"

马·伊林（1895—1953），苏联科普作家、工程师、儿童文学作家。

著名儿童作家**马·伊林**（M. Ilyin），《万物的故事》（*Stories about things*）和《人怎样变成巨人》（*How a man became a giant*）两本书的作者，也对依·尼查叶夫这位年轻作家表达了赞许，称赞书中表现出来的语言充满自由和活力。"谈到元素，"马·伊林写道，"作者本可以像教科书一样来定义它们的性质和特点。例如，他可以说，氩是惰性的不活泼气体，不与其他物质结合。但作者编写本书，并不是按照教科书或科学讲座的方法，而是按照艺术作品的规律。他把氩描绘为鲜活的生命：它是'隐逸的'元素，是'孤独的'元素，是'安静的'气体。作者告诉我们，抓到这个元素是多么困难，'它悄悄地跟着氮气到处游走，表现得很安静，装作完全不存在的样子'……作者让元素活起来，从而让整本书都充满活力，他删除了枯燥的教科书和讲座中那些干巴巴的知识性描述。"科学院院士谢苗诺夫称赞本书充满理性和科学性，而伊林则正相反，对那种理性则满是抱怨。他呼吁年轻的文学家们，在创作这个文学主题时，要更大胆，要更勇于表达。

到底谁才是对的呢？我想，他们都对。苏联儿童科学艺术文学的进一步发展表明，通过把深厚的科学性与高度的文学性，用高超的描述和自由的表达结合起来，它才取得了巨大的成就。但依·尼查叶夫已经不在了。他那独特的文学才能，虽然如此鲜明地表现在《趣味元素》一书中，但是注定不能大放异彩。关于本书的争论，发生在1941年年初。那时苏联卫国战争才刚开始，依·尼查叶夫身染重病，身体变得非常虚弱，没有办法参军。但是，他隐瞒了病情，加入了民兵队伍，在莫斯科壮烈牺牲。

人们对这个单纯、善良的天才般人物保留着美好记忆，多赖于他这本一直受到几代读者喜爱的书籍。

奥列格·皮萨热夫斯基（Oleg Pisarzhevsky）